P爸媽

張潤衡、錢佩佩 合著

牌的心靈豬骨湯

之 管教子女Easy Job

目 錄

推薦序 —— 莫鳳儀校長

「養兒一百歲，長憂九十九」這句話正好道出每位家長必經的心路歷程——

呱呱落地時，憂慮長不大

學習走路時，憂慮站不穩

入學讀書時，憂慮追不上

學成畢業時，憂慮沒工作

長大成人時，憂慮沒伴侶

結婚大喜時，憂慮沒後代

這一切的憂慮足以纏繞家長一生，尤其是近年「怪獸家長」和「直升機家長」培養不少「王子」和「公主」，怎不叫人擔憂呢！

不過，我相信好的開始是成功了一半，只要各位家長在管教孩子的起跑線上運用恰當有效的方法，那便可以舒緩大家的種種煩憂。

今次，難得資深傳媒人錢佩佩女士和傑出青年張潤衡先生，破天荒第一次合作編寫這本《P牌爸媽的心靈豬骨湯之管教子女 Easy Job》，透過一共五章的主題和真實個案，為家長提供有效的方法去解決種種難題。

衡爸以一位心理治療師的角度去展示他和太太在日常生活中怎樣養育一位五歲的孩子。佩媽又以一位養育三名子女的實戰經驗，赤裸裸地透露她和丈夫怎樣施行有效的育兒方法。

各位家長在日常生活中遇到的難題，包括子女的自理能力、飲食習慣、睡眠習慣、賴床問題、學業問題、打機問題、態度問題和禮貌問題等等，兩位作者都能夠深入淺出地以現身說法，提供切實可行的方法，讓 P 牌爸媽學習和參考。

其中，更欣賞佩媽提供的有效「整頓家居五部曲」和衡爸的「先育己後育兒」準則。相信各位家長細閱全書後，定能紓解煩憂和獲取錦囊妙計；孩子的問題便會相應減少，家長的憂慮自然拋到九霄雲外，在高聳的雲端中重現陽光和希望！

祝願普天下的家庭

幸福快樂！健康平安！

莫鳳儀
太平紳士 榮譽勳章
啟基學校創校校長
香港十大傑出青年
香港演藝學院校董
2018 年 6 月

推薦序 —— 謝寶達先生

香港家庭一向重視湯水，只因湯水對身體有益，能夠為身體滋潤養生，所以晚飯都總有一碗靚湯。就算兒女長大離家後，父母最緊張的還是兒女有沒有常常「飲湯」？

過時過節，回老家飲父母的「靚湯」更是指定動作，其實父母這麼緊張「湯水」，只因父母的最大心願是兒女們健健康康。所以「湯水」正是其中一種父母把愛傳達給兒女的方式，但煲一壺靚湯對工作忙碌的香港人來說，談何容易？煲老火湯總要花上幾小時，而坊間的即飲湯包既方便又快捷，和父母煲的愛心湯水一樣，煲出「真心製造，自然流露」的湯水。

喜獲佩佩和衡仔聯手為所有父母製作這本《P牌爸媽的心靈豬骨湯之管教子女 Easy Job》，深深感受他們的心靈豬骨湯同樣是「真心製造，自然流露」，把他們的育兒知識和經驗毫無保留地分享給讀者。期望這碗心靈豬骨湯可以同樣幫助各位家長的心靈得到滋潤養生，並鼓勵和支持所有愛錫兒女的父母。

謝寶達
鴻福堂集團有限公司主席兼執行董事

推薦序 —— 江美儀小姐

　　常言道，「養兒一百，長憂九十九」。憂心忡忡幾十年，從來沒有一本說明書教我們育兒的步驟，又遇到困難或問題應用什麼程式去解決。唯有跟隨上一代的方法，世代相傳。但阿爺阿爸的年代久遠，並不能與時俱進，那怎麼辦？現在可以罰仔女嗎？阿仔不吃飯怎辦？考試無 100 分喎？阿女今天回家講粗口呀！放學後成日掛住打機呀……

　　冷靜，不用抓狂！

　　難得有有心人士用自己的專業和經驗之談，和大家分享教養心得，雖不是一定可以手到拿來，但至少可以參考，也可知道自己並不孤單。

　　再說，其中一位有心人是小女子之閨中密友錢佩佩，加上書中插畫的小畫家正是她二女，我乾女兒，怎樣說都應該瞓身支持！

　　祝新書大賣，家長快樂，兒女幸福！

江美儀
演員
2018 年 6 月 28 日

作者序 —— 為甚麼是P牌爸媽的心靈豬骨湯呢？

大家好！衡仔正式改名為衡爸了！

十分高興！這次邀請到錢佩佩和衡爸一起著書跟大家分享育兒經！

以下先為此書作一點閱讀前講解，尤其是人物簡介，以防大家被書中出現的大量角色搞得混亂。

衡爸： 正是本人！

卡索 B ／小卡索： 衡爸的獨子，現年五歲，卡索 B 則是他在三歲前的網名！

彩虹媽媽： 衡爸的太太，當然也是小卡索的媽媽了。

佩媽： 正是本書的另一位作者，她是一位資深的電台節目主持人，曾和衡爸一起在香港電台合作做節目而認識。

大公子： 佩媽的長子

二小姐： 佩媽的二女

三公主： 佩媽的幼女

據佩媽聲稱，**大公子＋二小姐＋三公主＝小魔怪**

小魔怪爸爸： 佩媽的先生，小魔怪的爸爸。

為甚麼是心靈豬骨湯？

我相信大家都聽過「心靈雞湯」這套知名的勵志書籍系列，裡頭充滿了具有激勵性的故事，但不知何故，筆者一直都很抗拒雞湯文。筆者並無批評雞湯文的意思，只是自己不愛閱讀，也不會寫這類文章。尤其是筆者是研究系統心理學的人，比較重視案例和數據，是一個比較倚重左腦思考的人，未必能夠容易地了解「心靈雞湯」裡的大智慧。

筆者主講家長講座或培訓工作超過八年，從所接觸過的家長身上發現，純粹的勵志對他們來說實在有點「離地」，誰也知道「雞湯」的營養價值高，但對於我們這些平民百姓來說，餐餐喝雞湯的確有點奢侈吧，除了雞的價格比較貴之外，煲雞湯的工序亦非常繁複。對繁忙的香港家庭來說，煲豬骨或瘦肉湯反而較便宜和方便，而且亦帶有不錯的營養價值。

現在香港家庭面對着不少問題，包括土地問題、雙職家庭、兒女沉迷電子產品、學業壓力、升學問題等，當時間有

限，身邊周圍的問題卻排山倒海般在進迫，筆者明白家長們在此刻最需要的是比較落地的育兒知識。故此，筆者邀請了曾一起在電台合作主持節目的舊拍檔錢佩佩女士合著此書，結合筆者從應用心理學角度鑽研和應用的育兒知識及錢佩佩多年的育兒經驗，開發出更「落地」的「心靈豬骨湯系列」，運用個案和步驟來跟大家分享教育兒女的理論和經驗，使各位 P 牌父母更容易掌握這些育兒知識和方法。

育兒 100，長憂 101。筆者最愛分享一段趣事，就是筆者的母親在筆者當年出發前往香港十大傑出青年選舉的公布獲獎者名單記者發布會前，竟又被母親罵了一頓。連兒子成為了傑青還都被母親罵，就知道為人父母者，無論兒女長多大，他們都在關心自己的子女。

然而，當子女在一天一天地成長，父母也在學習不同的方法來繼續關心和支持他們。就像筆者的父母，他們從沒停止過去學習，三十四年前，他們從零開始學習照顧一位剛出生的嬰兒；二十七年前，他們開始學習面對憤怒和緊張，因為要不斷督促在之後連續考了六年第尾的兒子；二十二年前，他們開始學習在傷痛中堅強，因為要照顧一位從鬼門關活過來但幾乎全身被燒至重傷的兒子；十六年前，他們開始學習信任兒子，因為要讓他一個人遠赴地球的另一邊留學；十年

前，他們要學習面對公眾，因為兒子忽然成為了公眾人物，許多人會在他們面前評論他，當然評論有好有壞；五年前，他們要學習新的育兒知識，因為他們希望協助兒子照顧孫兒；現在，他們正努力地學習不同新卡通片的角色和劇情（筆者已經放棄學習了），因為他們希望和兒子的兒子（就是他們的乖孫）保持有話題。

　　原來筆者的父母至今還未把「P牌」除下，只當了五年爸爸的筆者又怎麼敢放下「P牌」呢！

　　期望此書能夠支持各位同路爸媽！

　　共勉之。

張潤衡

2018 年 6 月 9 日

作者簡介

張潤衡 Stanley──應用心理學培訓導師

生命教育工作者、多份報章的專欄作家、香港電台節目嘉賓主持，大學主修心理學，獲教育及社工雙碩士，獲 NLP 高級導師及催眠治療師資格。擁有超過八年主講家長講座，和五年實戰育兒教仔經驗，主張零體罰，是一位習慣使用心理學技巧來教仔的 P 牌爸爸。

張潤衡先生多年來熱心服務本港青少年，因而獲政府頒發榮譽勳章，及曾當選香港十大傑出青年、香港精神大使等⋯⋯

專業資格：
香港註冊社工
香港教育大學教育碩士
香港中文大學社會工作社會科學碩士
美國三藩市州立大學心理學文學士
美國聯邦神經語言程式學會 (NFNLP)──註冊高級發證導師
(Registered Master Trainer)
美國催眠學會 (ABH) 及國際醫學及牙科催眠學會 (IMDHA)──註冊催眠治療師資格 (Certified Hypnotherapist)
國際危機干預基金會 (ICISF)──個人／團體危機介入證書

個人網頁：www.cyh.hk

錢佩佩 —— 資深傳媒人

現職廣告公司公關部總監、親子專欄作家、司儀、活動策劃人

於香港電台擔任編導及主持人超過二十年；畢業於香港演藝學院及珠海學院，曾修讀香港公開大學工商管理碩士課程；曾開辦兒童學習中心、任職中學應用學習課程老師及擔任小學面試班導師；多次出任多間中、小學的校董及家長教師會成員崗位；現任新界西長者學苑管治委員會委員及多個團體的教育及青年事務委員。

近年積極參與慈善服務，以身教作子女榜樣。育有三名年齡介乎四至十五歲的子女，家中從未有工人協助，一手一腳湊大子女，育兒實戰經驗非常豐富。

Facebook 專頁：錢佩佩

第一章

甚麼是管教？

衡爸說：

　　「身教的影響力就是，父母的一言一行，都會被孩子看在眼裡，並潛移默化地變成他們的價值觀和信念。」

衡爸主講家長講座已有八年，發現一般家長最關心子女的問題分別是，學業成績和管教問題。當中，管教問題更是重中之重的問題，因為近年的青少年犯罪問題越來越嚴重，而且犯案的方式，犯案者背景都和十多年前的不同了，例如：在衡爸讀中學的年代，青少年的犯案多以高買或打架為主，而現在的青少年則把犯案的地點由地面搬到網上了，例如網絡盜竊或詐騙等，使用的技巧越來越高超，而所觸犯的法例也比過往的嚴重得多了，所以在德育上的管教是絕對不能輕視。

　　而且，青少年的品格好壞與學業成績亦不能掛鉤。在報章上，也會見到一些成績優異的學生誤入歧途，而斷送了大好前程的報導。筆者甚至發現，某些來自傳統名校的優秀學生犯事的手法，比來自學業成績較差群組的學生還要手法高明，例如：吸食毒品、欺凌、高買、網上詐騙等……由於優秀學生擁有的知識和資源都更豐富，若他們的動機不良，作出的偏差行為的方案亦會更高明，例如懂得使用法律的灰色地帶來掩飾罪行，也因為他們有能力在犯小錯時全身而退，繼而讓他們往後的犯錯導致更嚴重的傷害和後果。

管教的定義和目的

「管」就是要訂立規則和約束行為,「教」則是敦誨和引導,要「管教」好兒女,總不能得把口,說出口的教訓和指示需情理兼備及以身作則。管教包含了傳遞家長心裡的價值觀和想法,簡單來說,這和推銷分別不大,也就是在討論「sell(賣東西)」和「buy(買東西)」的能力。要提升推銷的能力,言語和非言語的人際溝通技巧和方法、訂立有效目標、建立執行策略等都十分重要。

先談一談管教是甚麼東西?直教各位家長深感煩惱,對兒女的表現感到無所適從。

「養不教,父之過。」許多父母都明白:「既然把子女帶來這個世界,也得好好管教他們。」其實管教(discipline)兒女的意思包括了以懲戒來回應兒女所作的違規行為,及促使兒女服從規矩而設立不同的機制。因此管教兒女的目的就是要訓練子女們學習規矩、服從指示,及提升自我控制能力,讓他們的表現和行為能夠符合家庭及社會的準則。

家長是兒女的鏡子

甚麼才是「好」？相信每一位家長也有其想法，但是要把想法傳遞給兒女，其中一項關鍵「要素」便是身教。因為家長是兒女成長時的主要模仿對象，家長對孩子來說，就像是一面鏡子。筆者之前在家長工作坊裡，便經常聽到抱怨兒女沉迷電腦遊戲和網絡世界的聲音。於是筆者立即讓各位家長列出過往一星期的生活時間表，然後，家長們都發現自己同樣花了頗多時間在追看劇集和網上娛樂等事項上。

己所不欲，勿施於人！若己所欲的是不良嗜好，當然不想兒女步己後塵。但大家認為，一位有吸煙習慣的家長去阻止兒女吸煙，有說服力嗎？通常在孩子身上出現的一些不好的行為，多數能在父母身上找到原因。

（佩媽搭嘴：十分認同衡爸所說，所以為人父母的絕不是只有供書教學那麼簡單，而是要父母先做好自己，可能有些習慣和行為真的不是一時三刻可以修正，但至少要有更改的決心，兒女是會看到的！佩媽在大公子出生後，便再沒有打過麻雀，因為佩媽不想孩子將來會喜歡賭博，所以只要下定決心，沒有做不到的事。）

美國當代心理學家班杜拉（Albert Bandura）進行過一項很有影響力的心理學研究 —— 波波玩偶實驗，該研究成功地發現了兒童是如何從成人身上學習到攻擊行為。該項研究邀請了約七十位年齡為三至六歲的小孩子參加，男女比例各佔一半。然後，研究員將孩子分為兩組，每組觀察一種成人的行為之後，再讓孩子們進入一個沒有成人的房間，再觀察他們會否模仿剛才所見到的成人作出的行為。

實驗過程中，首先實驗員把一位成人帶進遊戲室，讓他坐在凳子上，參與孩子們的活動。在非攻擊性的一組中，成人在整個過程中只在玩房間裡的玩具，完全忽視了波波玩偶；而在攻擊性一組，成人則猛烈地攻擊波波玩偶，及對波波玩偶說出一些攻擊性的言語。

十分鐘之後，兩組孩子們被帶進另一個房間，那裡同樣擺放了洋娃娃、玩具車和飛機等。但孩子們也同時被指示，不可以接觸這些玩具，使他們產生負面的情緒。其後，孩子再被帶進另一個房間。這房間放置了幾樣有「攻擊含意」的玩具如錘子、棍及標槍等⋯⋯當然還有波波玩偶。房間裡同時放置了一些非攻擊性的玩具，如：顏色筆、圖畫紙、洋娃娃、動物玩偶及火車玩具等。這一次，所有孩子都批准在房間裡自由玩耍。

最後，研究員發現，剛才身處成人會使用暴力行為對待波波玩偶那組的孩子們，傾向模仿他們剛才看到的暴力行為；而未有觀看成人使用暴力行為的那組孩子們（無分性別），則傾向快快樂樂地和波波玩偶玩耍。由此可見，孩子們的暴力行為是出於模仿成人們的暴力行為。班杜拉指出，若孩子經常接觸暴力行為，在他們未來遇到困難的時候，也較傾向以暴力的方式作出回應。

故此，按照班杜拉的社會學習理論所指出，孩子們的一切行為都是受到他們的社會環境所影響，通過觀察他人的言行舉止，及其行為所帶來的結果作為借鏡，繼而成為他們的學習。因此，與孩子接觸時間最長的父母，亦是孩子們最信賴的親人，其榜樣對孩子們的影響力是十分重要的。所以，身教的影響力就是，父母的一言一行，都會被孩子看在眼裡，並潛移默化地變成他們的價值觀和信念。

先育己後育兒，衡爸和佩媽將於接着的章節，和各位 P 牌爸媽分享更多有關育己和育兒的經驗和策略。

第二章
訂立規矩

佩媽說：

「國有國法，家也必須有家規！在教導小孩的時候，特別是在處罰小孩的時候，更應該預先設定一套處罰的機制。」

衡爸說：

「家長是家庭內的權威角色，要處罰兒女其實十分容易，在處罰的同時，能夠讓兒女反省過錯和改正不對的行為，這才是處罰的目標。」

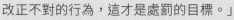

小孩篇

2.1 教仔無需用藤條，
　　 最重要是罰得有準則

佩媽說：

　　大家可有看過電影《笨小孩》嗎？當中有講
到新加坡的教育制度，是可以體罰學生。情節中
一名學生在禮堂舞台上當眾被藤條鞭打，看到這個情
節佩媽心裡很疑惑，這方法會令學生帶來甚麼影響？

　　佩媽的家父很嚴，每當我和哥哥做錯事，家父便會拿出
鐵線衣架鞭打屁股，沒有刑具的話就隨手打一巴掌。佩媽記
得有一次咬爛了一枝原子筆頭，不小心吞下原子筆的墨水，
整個口腔變成了藍色，佩媽不敢出聲因怕會被打，便急急腳
走去瞓覺，情願被墨水毒死也不敢告訴父母，可想而知體罰
是多麼令佩媽驚恐！

　　所以佩媽絕對不會向三個小魔怪施行體罰，印象中佩媽
只試過向大公子打過一次手板，那次是因為他咬同學，佩媽
認為要他明白痛楚是甚麼感覺！雖然大公子真的沒有再犯，

但那次之後，大公子不太願意再拖佩媽的手，我便知道對他造成了心靈上的創傷，用了很久的時間才能重新建立彼此的關係，自此體罰便絕跡了！

現在大公子和二小姐已經長大，佩媽和他們是以講道理的方法，但也有處罰的，就是大公子做錯事會罰他不准打機；二小姐做錯事會罰她不准看電視；至於三公主佩媽的懲罰方法就是要她罰企，並且是「面壁思過」，當然還有施展音波功，不停向她講道理啦！

國有國法，家也必須有家規！

何解社會必須有法律存在？因為市民必須有法可依，執政者亦能夠按章執法，才能達至每人都能夠生活在一個公平的社會裡。家庭是小孩子接觸的第一個小社會，從家庭到學校，然後在成年時才正式投入真正的社會系統裡。因此，在教導小孩，特別是在處罰小孩的時候，更應該預先設定一套處罰的機制。

衡爸說：

向體罰 Say No

　　衡爸是一個反對體罰的爸爸，原因是衡爸在兒時經常被父母體罰。兒時當然不會理解父母的用心，所以在衡爸的童年時期裡，對父母的最大情感是懼怕和憎恨，試問有誰會愛一位時常打你的人？在衡爸的青少年時期，甚至會向父母還手。回想這些片段也會覺得自己的行為很不孝順，但對一位心智還不成熟的青少年來說，在受到心裡很討厭的人攻擊，反擊保護自己是很合理的想法吧！唯一不合理的只是，為何養育我的父母竟成了當時的我最討厭的人？

　　應用心理學提出，主觀情感便是我們腦海中的事實。我們不能以「孝順」來抗衡「討厭」，因為討厭是屬於心裡一種真實的情緒反應，親子之間的「討厭」情感太多，親子關係也絕不會融洽。

　　近年無論在香港或內地的大城市裡，都接二連三傳出不少虐兒事件，當中亦出現過虐兒致死的個案。其中一宗虐兒致死個案，令衡爸留下了深刻的印象。於二零一八年的年初，在國內某大城市裡，有一位九歲的男孩，因在雪地玩耍時遺失了手機，結果被怒火中燒的母親以體罰管教。母親憤

怒地暴打了兒子差不多五小時，然後小孩傷重死了。最令人傷感的是，兒子的遺言是：「媽媽，我以後都不想再見到你了！」

兒子說完那話後便在房間睡着了，然後一睡不起，媽媽發現兒子失去知覺的時候，着急的叫救護車，希望醫院的醫生能夠救活兒子的生命，但一切已經為時已晚。兒子遺失的手提電話，果然真的在融雪後尋回，可是兒子再也回不來了，原因在於母親施行了失控的體罰，結果錯手打死了兒子。

五個不打仔女的理由

為甚麼衡爸堅持不打仔的原則呢？以下是衡爸認為不應向孩童執行體罰的理由。

一、其實打仔都是一時之氣

各位不妨反思一下，大家在打仔的時候會生氣嗎？

如果家長一邊在生氣，然後一邊在施行體罰的話，那體罰的目的是發洩個人情緒還是教導子女呢？

這情況亦絕不容許兩者皆存在啊！就算在施行體罰時，

只要有 1% 的發洩個人情緒的成分，也會對孩子不公平，因為施行體罰的本意已經被扭曲，子女亦已經變成家長宣洩情緒的工具了。

二、打是把「暴力行為」合理化

打是傳播暴力訊息的行為，故體罰也是屬於散播暴力的行為。體罰的目的，是希望透過把「痛楚」和「期望制止的行為」連結成一起，以達到小孩因懼怕「痛楚」而不再重複相同行為。例如：當家長期望小朋友必須按父母的指示表現良好，當小孩沒有按照父母的指示表現時，父母便會執行體罰。這樣的話，儘管孩子真的會為了避開「被體罰的結果」，而嘗試按父母的指示表現。但是，家長以給予「痛楚」來換取孩子服從的行為，小孩看在眼裡，亦會被灌輸了「運用暴力能讓別人屈服」的概念。

三、打是「無法量度」的懲罰方式

懲罰必須能夠被量化才能達至公平，就像交通法例規定的定額罰款一樣，要把體罰量化，唯一的方法是像新加坡的笞刑一樣，控制打的數量。例如當年衡爸考試不合格，會被父親按每科不合格打五下手板來量刑。雖然看似很公平，但衡爸的父親從未試過能夠準確地控制施行體罰時的力度，而

力量多受到他當時的情緒所影響。再者，家長在施行體罰時以出盡力亂打居多，因此，體罰難以成為一項公平的懲罰。

四、打會造成「創傷」

打，除了造成身體創傷外，也會造成心理創傷，像佩媽的童年經歷般，因小時候常常被爸爸打，到現在已成為三子女的母親了，但有時候在家庭聚會時坐在爸爸身旁，當爸爸有點激動，或忽然手部有些動作，心裡都會以為爸爸又準備給她一記耳光，這些陰影竟然伴隨了她這麼多年還未消失。

五、打會傷害親子關係

那位被媽媽打死了的九歲小弟弟，對媽媽說最後的那句話是「媽媽，我以後都不想再見到你了！」被爸媽打的小孩，又怎會喜歡爸媽呢？就算他朝或會感謝父母的養育之恩，這也是很久的將來才會發生的事。

然而，許多家長經常會有一個錯覺，就是以為只要能夠教好孩子，便不介意讓孩子們恨自己，這些都是為他們好而作出的犧牲。但家長們有沒有想過，你自己會聽一個討厭的人跟你說的話嗎？讓孩子把自己當成仇人的話，別說教育他們，連跟他們溝通都會成為一個大難題。

處罰必須有「準則」

家長是家庭內的權威角色，要處罰兒女其實十分容易，在處罰的同時，能夠讓兒女反省過錯和改正不對的行為，這才是處罰的目標。

處罰，首先要讓子女明白他們犯了甚麼錯，這是一個重要的程序，對小孩子來說，他們未必能夠意識到自己犯了錯。特別是對讀幼稚園及初小的小孩子來說，腦袋中負責處理理性的部分還未發展成熟，故自制及分析能力必定會比較弱。再者，他們的年齡還很小，對未接觸的事物充滿好奇心，因

此比較難以控制自己在接觸新事物時的反應。

說個例子，當小孩子走進玩具店的時候，他們見到各種新奇有趣的玩具時，他們會衝過去，會大聲尖叫，會伸手觸摸，但往往這些行為便會激怒家長。試想一想，不少中男中女見到五月天樂團或韓星們，不也是會尖叫、會狗衝、會伸手嗎？其實這是人興奮時的身體反應。

「你一見到玩具便發瘋了，現在我們甚麼都不看了！」這是最常見到的家長反應，但這一句根本沒有指出小孩子犯了甚麼錯。那家長們首先要說清楚，小孩子所犯的到底是甚麼錯誤？否則，他們不會明白自己到底犯了甚麼錯，甚至會產生誤會，以為爸媽的指示是，見到玩具時不能興奮！

「你剛才見到玩具時亂衝亂撞和撞到其他人了，現在你必須冷靜下來，不然，爸爸便會懲罰你了。」這樣說的話，便能清晰地讓小孩理解他們犯的錯誤，這樣一來，小孩子便會理解，當我走進玩具店時，就算心情很興奮，但也不能亂衝亂撞，及撞到其他人。

讓孩子理解自己做錯甚麼，其實很重要。筆者回想小時候因考試不合格而被爸爸打，六年的小學生涯被打了數百次，卻不知道自己真正錯在哪裡。只以為考不到好成績，便

需要被打，導致越來越討厭讀書。最後，衡爸因此越來越討厭父母，甚至想過離家出走。

有罪名後，當然也要有「相應的責罰」

殺人和偷竊，哪項罪名嚴重些？考試作弊與校服不整齊，哪項犯錯嚴重些？大家都應該已經明白筆者的意思了。

責罰必須按犯錯的程度而量刑，而不是按父母的心情而定，正如，法庭的法官也絕對不能按心情來判決，這就是公平。

所以衡爸認為，責備小孩子必須有系統，包括量刑及讓小孩子有解釋的機會（辯護），這才能避免罰錯孩子，亦能使孩子在受罰時感到心服。

例如，衡爸的兒子都有頑皮的時候，例如會說謊、會對爺爺嫲嫲說話不禮貌、會和其他小朋友搶玩具時出手打人，按照以上的分享，其實衡爸在管教兒子的時候，同樣會讓他先了解自己做錯甚麼事情，然後按照其所犯的錯誤的嚴重性來懲罰，同時也會給他機會去解釋呢！所以衡爸一直能夠管教好兒子的同時，仍可以和兒子保持融洽的親子關係。

2.2 一到夜晚，
父母都想一棍扑暈兒女

佩媽說：

香港人出名靈活，不單有神仙肚，就連瞓覺亦可長可短！佩媽一家也是典型的香港人，我指是幾點瞓覺和瞓幾多都得，所以家中亦沒有規定要甚麼時候上床瞓覺，佩媽以往宗旨就是幾點瞓也沒有問題，只要早上起床不賴床便可以！可是佩媽發現，每天最艱巨的任務就是叫醒大公子及二小姐起床返學！

十分鐘、五分鐘、三分鐘、兩分鐘、一分鐘，這並非火箭發射前倒數，而是每朝早叫大公子和二小姐起床時，他們賴床的回應！佩媽曾嘗試狠心的讓孩子承受賴床後果，便是他們要自行返學及讓他們遲到，但仍然未能改善他們賴床的習慣！賴床可能是有傳染性的，就連剛上幼稚園的三公主早上叫起床也開始回應：「我要瞓多陣！」佩媽就知道是時候要處理瞓覺的問題了！

佩媽自小沒有賴床習慣，往往睡至最後一秒才迅速起床梳洗，以為自己的子女必定有這個遺傳因子。其實佩媽很羨慕有些小朋友可以在每晚八點半便準時上床瞓覺，對佩媽來說，簡直沒有可能發生在我家孩子身上，因為我們一家可能連晚飯也未曾食，怎可能瞓覺？特別是孩子日漸長大，便有諸多藉口唔瞓，晚上十一點前能上床已經是十分僥倖！

佩媽為了改變孩子的睡眠習慣，便要每一位家庭成員作出承諾，首先佩媽和小魔怪爸爸要決心每天早點離開公司，情願把工作帶回家處理；如無任何應酬必定準時七點半開飯；孩子卻需要在晚飯前已經沖涼；晚飯過後孩子可以完成未完成的功課、溫習或玩耍！據說想孩子長高一點必須在晚上十一點前瞓着覺，於是佩媽便規定在晚上十點半全家要上床瞓覺。當所有燈光關掉，其實小魔怪們也會很快進入夢鄉！此時佩媽才會把一大堆公司工作及家務完成，雖然對於佩媽來說是辛苦一點，但就可以令小魔怪們有充足睡眠。

自從進行了這個睡眠計劃之後，早上小魔怪們已沒有賴床，可算是十分成功，所以佩媽會堅持到底。但成功背後佩媽在假日卻出現賴床情況，因為三公主習慣了早睡早起，所以每逢假日佩媽也被三公主一早在七點嘈醒！救命呀！

衡爸說：

　　這課題或許是整本書入面，唯一一篇，衡爸說出來，最毫無說服力的一篇。因為最影響衡爸的生命格言是：「生時何必久睡，死後自會長眠！」衡爸從求學時期開始，除了身體力行地實踐這句格言外，還把它刻在手錶的底部。沒辦法，衡爸不是天才，要獲得更好的成績，就必須將勤補拙！衡爸的父母見衡爸為了頂眼瞓，不惜飲用大量咖啡和紅牛，甚至運用極刑來處置自己，例如：在寒冷的深夜，把頭浸在充滿冰塊和冰水的洗手盆內。

　　正如第一章所說，小卡索也受到了衡爸的影響，早已變成夜鬼一族。的確，早睡早起這個習慣，對現今的香港人來說已成昂貴的奢侈品了。衡爸與太太的工作都異常繁重，每晚的親子時間幾乎都在晚上九時半後，因此，連小卡索亦習慣了晚睡。可是，小卡索自一歲半開始便在幼稚園上全日班，早上九時上課，每天早上需要八時起床梳洗換衣服，幸好學校有早餐提供，和有衡爸和爺爺輪流駕車送返學，故能讓小卡索在私家車上補眠多一會兒。再加上，幼稚園的全日班有午睡時間，所以在加加減減後，小卡索每天的睡眠時間亦有十小時的。

培養早睡習慣

「心靈雞湯」常說，休息是為了走更遠的路。衡爸很認同，特別是對小孩來說，休息和睡眠與他們的身體發展更有十分重要的關係，尤其是對他們的腦部發展，包括會影響認知能力、記憶力、專注力發展。故此，衡爸也很着緊小卡索的睡眠時間和質量。

其實讓小孩培養早睡習慣的有效方法，除了夠鐘便關燈睡覺之外，我們可以先找出讓孩子晚睡的原因，然後逐一去解決，這樣便能有效地讓孩子早睡吧。

撇除溫習和做功課，這些讓人感到無能為力的引致晚睡的理由外，一直以來，最多家長投訴的情況多數是，小朋友沉迷玩電腦，玩到睡眠時間都不願關機。除此之外，現在越來越多小孩子擁有智能電話，故整天機不離手，睡在床上時，也在被竇瞪着手機。父母的一般處理方法不外乎罵和打、拔電線、沒收手機等……若這些方法見效的話，就不會有這麼多家長感到頭痛了！

衡爸在此跟大家分享一點意見，第一，家長應該與子女一起訂立睡覺時間，讓子女一起參與訂立規矩，除了讓小孩覺得自己有份參與外，也能夠提升他們守規矩的動力。

第二，與孩子一起尋找合理的睡眠時間，家長希望兒女早睡是為了他們好，但孩子卻未必清楚早睡的好處和重要性。因此，家長應該主動與兒女們在圖書館或網上搜尋相關資料，並與孩子一起討論早睡的好處，和晚睡的壞處，藉此以知識增加他們的早睡動機。

第三，避免在孩子睡前大吵大罵，小孩不願睡覺，家長有時可能會動氣，因而在睡前打罵兒女。根據不少研究指出，在睡前大吵大罵，或情緒激動都會有相當高的機會影響入睡和睡眠質素，更差的甚至會出現失眠的情況，所以在睡眠前大吵大罵對家長和兒女都有壞影響。

最後，衡爸也想分享，在睡前與兒女一起訂立起床目標，例如起床後大家一起去哪裡。衡爸試過幾次，很有效用，例如和小卡索計劃了第二天早上去看電影，他晚上十時自己主動乖乖去睡覺，第二天一早，竟然也是最早起床的那位呢！

（佩媽搭嘴：邊個小朋友去玩唔識得自動自覺彈起身？又有幾多個小朋友會自動自覺彈起身返學先？佩媽認為如果起身之後的活動是開心的話，小朋友一定會有動力起床，所以要想辦法令小朋友返學愉快亦是其中之一個不賴床方法！）

2.3 與兒女的飯桌之戰

佩媽說：

　　要看一個小孩有沒有家教，一起食飯便最一清二楚。佩媽自小家教甚嚴，家父對餐桌禮儀十分重視，所以佩媽亦同樣地教導三個小魔怪，要求他們在餐桌上循規蹈矩，絕對不容許飛象過河、攃餸、喝湯時發出聲響……等等。

　　（衡爸搭嘴：完全同意！對普通人家來說，餐桌禮儀無需達到皇室要求，但基本的禮貌也很重要！至少當兒女長大後，見情人的家長時，便明白養兵千日用在一時！）

　　記得小時候家母常欺騙佩媽，如果吃完飯隻碗有好多粒飯剩，將來丈夫個樣就會生好多暗瘡，嚇得佩媽會把碗內的飯餸吃得乾乾淨淨。

　　（衡爸又搭嘴：原來衡爸不是唯一被騙的天真小孩！而衡爸聽的那版本是，他日娶個痘皮肥婆。）

長大後，當然知道是無可能的事，但這亦影響了佩媽會嚴格規定三個小魔怪，同樣一粒飯也不可以留在碗上。

　　除此之外，我亦需要等齊所有人坐下才能起筷，你試想想家人在煮，你在吃，煮飯的人只可以吃餸尾是多麼的可憐！還有，我會要求小孩幫手開飯，不可以做大少爺及大小姐般坐下等食。佩媽對小孩扭計不坐好吃飯十分狠心，我是絕對不會追住餵飯的，特別是不容許長輩及工人姐姐這樣做（幸好佩媽的長輩很明白事理及我家沒有工人姐姐）。

　　我家貪吃的三公主曾經試過扭計不吃意粉，嚷着要吃麵，佩媽耐心地告訴她，這餐飯大家都是吃意粉，堅持不吃的三公主遇上堅持不讓步的佩媽，我十分明白不吃一餐半餐是不會餓壞小孩的，最終三公主也敵不過肚子餓，乖乖的坐在餐桌上請佩媽拿意粉給她吃。自此之後她知道扭計是沒有用，便乖乖的合作吃飯。其實大家回想一下，戒夜奶時大家也會好狠心，因為唔狠心就自己無得瞓，同樣地放在吃飯效果都是一樣的！

衡爸說：

衡爸對吃一直沒有甚麼要求，彩虹媽媽一直把衡爸稱為吸塵機，因為衡爸甚麼都吃，和吃得很快！

作為普通人家，衡爸不追求皇室的餐桌禮儀，加上衡爸作風比較西化，對中式餐桌的禮儀中，小孩子要叫每個人食飯這一事特別反感，在一次家族聚會中，衡爸便因此阻止了某親戚指示小卡索這樣做。衡爸認為家族飯局裡人數眾多，要小孩叫齊每一個人吃飯，這根本不合情理！但衡爸也是十分重視吃飯的規矩，而衡爸的規矩只有兩個方向，一是尊重，二是珍惜。

衡爸不贊成逐一叫人食飯，但十分認同需要等齊人一起食飯（一般情況下）和簡單地叫人食飯（例如說一句大家食飯或向負責煮飯那人道謝等）或進行飯前禱告，原因是衡爸認為只是為做而做的儀式上行為很無意思。

（佩媽搭嘴：十分認同，就好像去飲宴，每道菜都要叫飲杯一樣。）

但是，我們必須懂得感恩。感恩是有目標，及有答謝的目標對象，例如：媽媽每天為家人煮飯、嫲嫲特意煮了孫兒喜歡吃的食物、爸爸花錢請大家吃喜歡的東西、感謝天父賜

予食物（宗教原因）等⋯⋯這就能夠讓兒女學會所得的一切都不是必然的，所以需感恩和向付出的一方表示謝意。

另一樣有關小孩子的飲食問題就是揀飲擇食問題，可是人對食物，始終有喜歡的，亦有討厭的，就算對衡爸這部吸塵機而言，也有不想入口的東西，例如：排包和小蛋糕。

說起排包和小蛋糕，衡爸想起一段往事。當年衡爸大約十歲，那段日子，爸媽很喜歡到一間麵包店買麵包，後來長大後才知道那間店出名麵包新鮮，價錢又便宜。衡爸喜歡吃麵包，但就是不喜歡吃甜的麵包和蛋糕，所以很抗拒排包和小蛋糕。但有一次，母親把排包和小蛋糕放在碟上作為衡爸的早餐，衡爸拒絕，立即被母親拿着藤條強迫必須吃完，結果衡爸把排包和小蛋糕用手搓成數個小小湯圓狀的，再當吞藥丸般逐一喝水吞下。至今，排包和小蛋糕在衡爸的心裡還是厭惡之最，絕對是童年陰影。

（佩媽又搭嘴：佩媽亦不喜歡吃芫茜，每次食總會反胃，童年時亦被家父強迫吃有芫茜的山竹牛肉，我也像衡爸一樣用水吞下，同樣是佩媽的童年陰影。）

所以，衡爸認為，儘管為了均衡飲食，我們必須讓小孩進食一些他們不喜歡吃的食物，但父母未必需要使用極端的

方法強迫小孩。我們可以先了解孩子不喜歡該食物的原因，如兒女像衡爸般對某食物抱持反感的感受，我們可以用其他擁有相同營養價值的食物或不同的烹調方法代替。同時，也應該向兒女解釋營養價值的重要性，及應以鼓勵取代強迫。

另外，在教導兒女珍惜食物方面，衡爸亦有一個方法，就是以故事教學。當然，相信現在的父母較少有在童年時因缺乏糧食而捱肚餓的經歷，衡爸的父母在童年時都家貧，所以經常捱餓。故衡爸經常聽父母和祖父母他們分享當年捱餓的故事，也因此而建立了必須珍惜食物的價值觀，至少衡爸在九歲開始，已經不再是因害怕長大後與痘皮肥婆結婚而不吃剩飯，而是想到落後國家小孩吃不飽的情境。

衡爸向各位父母推介幾套電影，例如《再見螢火蟲》和《阿信的故事》等都是非常合適的電影，能夠有效地作為家長與兒女一起反思「為甚麼要珍惜食物？」的教材，透過電影裡的畫面和故事情節，更讓兒女們嘗試理解能夠吃一頓飽飯，並不是理所當然的事情。

2.4 兒女主動做功課不是夢！

佩媽說：

好幾年前佩媽曾經投資補習生意，主要原因並不是為了賺錢，而是要找一個地方看管大公子完成功課，你可能會說：「使唔使咁誇張，開補習社先搞得掂啲功課？」我家的大公子天生坐不定，每天監管他完成功課，實在是一件苦差！大公子打從幼稚園開始，他寫的字普通人是不會看懂，因為像打八號風球一樣。你家的孩子試過在幼稚園時，已被老師罰留堂學寫字嗎？佩媽家大公子就每月最少有一次，留完堂寫的字真的整齊很多，所以老師決定留堂，也要無奈地接受。

後來大公子很幸運被一所熱門一條龍直資學校錄取，這所學校程度十分艱深，很自然我要和大公子搏鬥才能完成每天的功課，每天我都想喊救命！我知道大公子自己當然也不好受。還記得在一年班的時候，有一份英文功課，根本是小朋友沒可能自己完成的英詩創作功課，作為家長又不能直接給予答案，所以需要花很長時間，才能完成這份功課。由

於升班後的學術程度越來越深，佩媽的工作亦越來越繁忙，最後唯有假手於人，聘請補習老師！但因為大公子實在坐不定，很多補習老師中途跳船，唯有轉去補習學校的功課輔導班，又竟然遇上「查字典老師」，看見外面的補習班良莠不齊，於是最後選擇自己開補習社，導師就可以由自己選擇。

二小姐原本被派往一所有聯繫中學的小學，但由於這所小學每天最少有十項功課，佩媽最後放棄了學位，選擇只有六項功課的私校。正所謂「一波未平、一波又起！」二小姐原本是一個喜歡做功課的孩子，不幸地在初小時染上睇電視惡習，每天把功課拖拖拉拉，其實二小姐絕對可以自己完成功課，但可能她的自我控制能力比較差，再加上二小姐性格比較剛強，很多時候與我一同做功課，也會產生不少磨擦，為了不想破壞母女之間的感情，所以最終我放棄親自教授，把她交給補習社的補習老師！

現在初中的大公子和高小的二小姐長大了，功課已能自己完成不用再上功課輔導班，但佩媽仍要繼續奮鬥，因為又輪到三公主開始做功課，幸好三公主還算喜歡做功課，亦對自己的功課有要求，不過我深信在香港的填鴨式教育底下，三公主未來做功課，相信也會像哥哥及家姐一樣，想起便頭痛了！

衡爸說：

　　說起功課，衡爸不禁一邊搖頭嘆息，一邊緬懷過去的悲慘時光。一想起功課，筆者實在不能理解，一個小孩在每天上課八小時後，怎麼能夠在放學後仍有體力和心力繼續完成一堆功課呢？當年衡爸讀小學的下午校，結果便經常被留堂做完未交的功課，因為放學時已經六時了，衡爸經常被留校至晚上八時，最激有數次被留堂至九時多呢。

　　現在想起才懂得感激罰我留堂的老師，但當年真心覺得被人虐待。其實做功課是有助訓練學生的責任感和解難能力，尤其是能夠訓練學生提早適應社會的加班文化，看那位罰學生留堂的老師，不正是在加班嗎？

　　這個單元寫得好像有點悲觀，但當香港的教育方式依舊是毫無改進，而家長又沒辦法負擔國際學校的學費，那個DSE始終也是逃不過的，那只好學習適應這個制度，並嘗試用方法去提升小孩對學習的興趣，及提升他們對校園生活的責任感。

兒女會主動做的事

衡爸在講座中提及自己過往主動學習的經歷後，家長們總愛在答問環節時追問，「如何讓自己的子女主動學習？」衡爸總愛立即反問家長：「你會主動學習嗎？或會主動工作和做家務嗎？」許多家長一聽見都臉色一沉，然後有部分家長會回答「會。」是的！作為大人，我們均明白，責任所在，我們始終會主動去做需要做的工作。

因此，我們明白了一個道理，**人會主動做的事情只有兩項：一是「想做的事」、二是「需要做的事」**。前者，你會笑着去完成，後者，你大多數會木無表情或苦着臉去做。做功課是前者，還是後者？必先看當事人的個人想法和態度吧。

例如像衡爸般，對某些科目特別有興趣，如心理學、歷史、語文般……與兒子相處時，經常把話題扯到這些知識裡的趣味話題，孩子聽多了也會慢慢地主動去學習和搜尋相關的資訊。這就是衡爸經常向學生分享，讀書其實亦是八卦一種，只是在這些範圍內八卦到的資訊能夠填寫在考試卷內取分而已。正如閱讀詩人李白的詩詞，和閱讀張小嫻的小說有甚麼分別？唯一的分別只是學校的試卷範圍內有收錄前者的文字，但閱讀後者作品，也能提升個人的寫作能力（至少衡爸是依靠閱讀那些學校考試不考的小說來學習寫作，最後成為作家的。）

　　（佩媽搭嘴：十分認同，當年大公子一套三十本的喜羊羊小說，令大公子的中文作文起死回生；二小姐一直很喜歡看兒童及少女小說，她的中文成績一向也是甲級！）

　　至於如何讓子女愛上學習呢？這就是家長自己的課題了！如果家長們自己都不愛學習的話，衡爸可以給大家一點方法。首先，先和兒女一起參觀正在居住的地方，留意家裡地板的形狀（數學課），量度一下地板尺寸，然後計算一下整個房子的面積（都係數學課），再計算一下房子的樓價，和爸媽需付的供款（數學課及經濟課）。然後望一望窗外的景色，就是五尺外隔離座的牆壁，用二百字來形容爸媽的辛

苦（中文或英文作文課）。外出吃午飯時，經過公園的草木，也可嘗試看看它們是甚麼品種（地理課及生物課）……所以說，所有知識都在我們的身旁。

在此，衡爸奉勸各位家長們，千萬不要「罰兒女做功課」，你能夠罰企、能夠罰減零用錢、或罰限制兒女玩遊戲機的時間，就是不能罰他們做多份功課。因為當兒女的腦袋裡的信念，一旦將做功課和懲罰之間畫上一個等號，學習便很難成為他們的興趣了。

但一個人總不能只做喜歡的事情，也要完成他們的責任要求他們需要完成的工作。在這部分，家長可以嘗試多與子女分享自己的責任，讓他們明白家長們都在努力地完成自己的任務。這能夠鼓勵他們好好對待自己的任務，並把負責任的態度視為一項榮譽。當然，在兒女感到辛苦，或遇到困難的時候，不忘給他們鼓勵和支持，或培養家人之間互相勉勵的習慣，這也是訓練兒女責任心的一大要點。

2.5 獎勵孩子後，
孩子反而變功利了

佩媽說：

　　說起獎勵，佩媽腦海便浮現了多年前大公子的一件事，話說當年大公子在一所連鎖式補習學校補習，該補習學校設有獎勵計劃，學生只要準時交功課及功課成績達九十分以上，便可以有一個蓋印，儲齊足夠蓋印，便可以在飾櫃內選擇禮物。大公子一向對那些文具、貼紙沒有興趣，所以亦沒有刻意去追印，直至飾櫃出現了一個籃球，大公子嚷着要換這份禮物，補習學校的負責人亦答允預留籃球予大公子。由那天開始，大公子便十分認真的完成這些補習功課，其實每星期最多只能有三個印，因一共需要儲七十個印才能換取籃球，最快需要半年才能達成願望。

　　大公子最終很努力完成了這個目標，向補習學校負責人領取禮物時，負責人竟表示籃球已換罄，指大公子可以換領其他禮物！大公子當然很失望，感覺好像被欺騙一樣，之後

再也不願意完成這所補習學校的功課！其實這籃球又不是用金製造，為何補習學校的負責人沒有兌現承諾？最後的結果，我相信你們都會猜到，就是我買了一個籃球給大公子，並且為他轉去另一所補習學校！佩媽覺得得到獎勵是任何

人都會開心，獎品貴不貴重並不是最重要，獎勵其實某程度上是一個動力，透過獎勵可以被人肯定的感覺更為重要。

佩媽在大公子年幼時為了鼓勵他努力做功課及溫習，曾經用過儲星星的獎勵計劃，用一個玻璃瓶放入七彩顏色的星星，每天大公子完成功課，我便會按當天表現獎勵星星，達到某一個數量，便可以換取大公子喜歡的禮物。這招真的很有用，特別是大公子每天看着玻璃瓶內的星星，便會自動自覺迅速的完成功課！獎勵的禮物並不一定需要很名貴，二小姐習畫的畫廊，每次落堂後都會按當天繪畫的作品評分，只要儲夠一定分數，便可以在畫冊蓋一個小印，儲足三個小印，便可以在畫冊蓋上大印一個，而很特別的是這所畫廊的每個學生都很積極的爭取大印！因為他們也視大印為他們的優異成績而驕傲！

衡爸說：

　　許多人都習慣用獎勵來教導小孩子，除了在家庭裡，父母會獎勵兒女，在學校和不同的青少年團體都設有不同的獎勵計劃，因為獎勵是一項常用來提升動機的手段。為了引起小孩子的動機例如：讓小孩子表現禮貌、使他們努力學習、鼓勵他們參加義工等……都會用上不少獎勵。

獎勵有效嗎？

　　按照科學的方法，首先衡爸又再先跟大家一起定義何謂「有效」，像佩媽的大公子為了希望得到籃球，而在補習學校裡表現良好及用功學習，那項獎勵的確達到了效果。然而，這個效果並不持久，他在得不到籃球後不久，便選擇離開了這間補習社。就算他最終獲得了籃球，也不見得他愛上了學習了，因為由物質上的獎勵能夠引起的動機難以維持一段很長的時間。

　　（佩媽搭嘴：肯維持一段時間，總好過無！）

不少組織心理學（industrial-organization psychology）對「外部激勵因素」（extrinsic motivators）的獎勵措施作出過許多研究，研究結果顯示獎勵措施只能增加人類改變行為的誘因，不能改變或左右人類行為的態度。因為獎勵並不能促成他人長期「承諾」投入任何價值或行動，而僅能讓人暫時順從，以獲得獎勵。故衡爸認為，其實使用獎勵或懲罰來提升動機根本沒有太大分別，由於兩者都無法長久改變態度與行為，只是對受者來說，當然獲得獎勵會舒服一點吧！但獎勵措施一停，或獎勵最終不達到期望，小孩子便會產生恨意或立刻故態復萌。

精神獎勵更有效

相對物質獎勵，心理學研究發現精神獎勵更能夠滿足人們的心理需要。因為精神獎勵能夠激發人的榮譽感、進取心和責任感等……而這些感受都不是能夠量化的，但為人帶來的滿足感卻是非常實在的。

衡爸記得自己在小時候，十分願意幫助老師，例如，上課時，老師忘記了帶粉筆，因此拜託衡爸到校務處取一些粉筆回來時，衡爸是十分樂意幫忙的。但以功利的角度看整件

事，老師自己忘記了帶粉筆，反而叫學生替他跑數層樓梯去取，而且幫忙的學生所獲得的報酬，就只有一句簡單的謝謝！

然而，汝不見，還是有這麼多同學舉手爭着幫老師忙，是學生們太幼稚，還是老師們有魔法呢？說到底，學生們心裡的感覺是真實的，他們都很滿足自己能夠作出貢獻，及得到老師的表揚和讚賞。故此，**小孩子最希望得到的不是物質帶來的滿足，而是被認同而得到的精神滿足。**

（佩媽又搭嘴：曾有老師委任大公子做班長，又真是令大公子乖了及勤力了。）

如何讚賞小孩子？

許多親子專家常常鼓勵家長們多讚賞小孩子，可是家長們經常只聽一半，但忘記另一半，於是事事讚，好又讚，不好的又讚，最後讚太多，反而把小孩讚壞了。其實讚賞的方式，最緊要言詞直接和表達清晰，直接讚賞他做得好的行為，並且清晰地表達其行為帶來了甚麼好的結果。

例如，小孩子在搭乘地鐵時主動讓座給有需要的長者，

父母便應該如此讚賞他：「爸爸十分欣賞你主動讓座給伯伯，你的行為保護了伯伯不會在車廂搖動時，容易讓伯伯跌倒。」這樣的話，小孩子接收到的訊息將會是，我的行為（讓座給有需要人士）得到父親認同，我對別人（伯伯）作出了貢獻，因而獲得了助人的滿足感，這也會儲存在他的價值觀裡（腦部的長期記憶區域），使他在未來仍會作出相同的行為，並且獲得精神上的滿足感。

曾經有不少父母向衡爸訴苦，在家裡要求子女協助做家務，子女反向父母要求發放工資，並且斤斤計較，例如：「十元只包掃地，拖地要再付十元。」弄得父母既氣憤又傷心。但這情況必然是錯誤使用物質獎勵而帶來的惡果，家長不妨可以用上一段的方法，使子女明白協助做家務是作為家庭成員的責任，並且應為協助做家務（履行自己的責任）而獲得精神滿足。

例子：在兒女幫助做家務後作出合適的讚賞，何謂合適的讚賞呢？

錯誤的示範：

當子女在飯後協助洗碗，媽媽稱讚子女：「你真乖，幫媽媽洗碗！」

這樣的讚賞聽在子女的腦袋裡，便只接收到：只要幫助媽媽就是乖，不幫助就是不乖。當一天，他們認為自己不再需要乖乖做人時，就不會再幫忙；重點應該是，他們不是在幫媽媽忙，家務本就應該是家人共同分擔的。

正確的示範：

如果媽媽把稱讚改為：「媽媽十分欣賞你負起做家務的責任，媽媽也發現你很認真地洗碗呢，碗碟都洗得十分清潔。你的認真換來家人能夠使用清潔的碗碟啊！」

大家發現子女吸收了甚麼訊息嗎？

這一次，子女聽到自己因履行了作為家人的責任而被稱讚，和認真地把碗碟洗乾淨能夠為家人作出實質的貢獻（讓大家能夠使用清潔的碗碟）。

家人篇

2.6 父母從沒有忠角和奸角之分工

佩媽說：

慈母多敗兒，父慈子孝，是否父母在角色扮演上，母親最好是嚴？父親最好是慈祥？但佩媽小時候又拜讀過一篇《遊子吟》，做母親是要慈愛的！

有一次同事請佩媽幫忙，希望可以給予她的一名朋友一個見工面試機會，佩媽二話不說便答應了！到了面試當天，看見眼前來了一個大男孩，表面看來和一般年青人沒有大分別，細問之下，原來他已經成為雙失青年達兩年之久，從畢業開始，家人沒有意圖要求男孩找工作，每天男孩睡至日上三竿，起床便有家庭傭工為他準備好食物，吃過飯後便開始打遊戲機，從來沒有想過搵工的他，每天都過着吃喝玩樂生活，佩媽問男孩如果有一天父母也離你而去，你會怎麼辦？他的回答竟然是到時先算！佩媽看見這個男孩的活生生例子，我告訴自己，別把孩子寵成這樣！

雖然佩媽的大公子及二小姐仍處於求學階段，但佩媽很早便告訴他們將來的日子是自己掌握的，時常告訴他們，甚麼東西都可以被人奪去，當中知識只要吸收了，任何人也拿不走！勉勵孩子努力讀書，常把四仔主義告訴他們：「車仔、屋仔、老婆仔、BB仔」。雖然現在說年青人要達到這四仔主義並不容易，但要上流必須自己努力向上流！所以無論孩子多大，都要告知他們父母只是領航員，長大後的一片天還是要靠孩子自己去掌握的！

　　佩媽沒有正式統計過，可是眼見一些很懂事及讀書非常優秀的學生，他們大部分的父親也是十分關愛孩子，願意花時間在孩子身上，家庭亦十分和諧！佩媽時常提醒身邊朋友，小朋友大得很快，做爸爸的不要因為工作而錯失了孩子最需要你的時間！溝通是需要時間的，沒有付出便沒有成果！做父親的可有多少次參與學校親子活動？父親要與子女一同學習，促進彼此關係。感謝小魔怪爸爸，凡事為孩子着想，佩媽承認自己是一個頗嚴格的母親，特別是對大公子！有時候也會過火了，幸好得小魔怪爸爸提醒，不然就會破壞母子之間的感情，又會把自己推入深淵！

佩媽覺得做現代父母，不再有分一個忠一個奸，是要在不同事情上父母都可以轉換身分的，有時媽媽在教仔時很勞氣，此時慈父便要出手打圓場並加以指導；換轉當爸爸與孩子有磨擦時，做媽媽的便要作出適當的調解，聽聽孩子心聲！佩媽認為做母親和父親，也要嚴慈兼備！凡事不要太極端，不要過分溺愛和高壓便可以！

衡爸說：

　　如果衡爸自稱是一位嚴父，恐怕絕對沒有人會相信！衡爸敢肯定，就算小卡索忽然有一個星期沒有上課，而且衡爸又沒有致電校方，學校的老師都絕不會懷疑，衡爸把小卡索關起來虐待（反過來衡爸被小卡索關起來虐待的機會率比較高），所以衡爸絕對是一個「忠」的角色。

　　香港的電視劇集成功讓許多人相信，有忠角必定有奸角，言則衡爸是慈父的話，彩虹媽媽必定是嚴母了，那她必定是奸角了嗎？實情是，彩虹媽媽真的是一位嚴母，教訓小卡索的次數絕對比衡爸多出數十倍。但是，小卡索依然很愛媽媽，甚至喜歡媽媽多於喜歡爸爸呢！

　　那彩虹媽媽還是奸角嗎？當然不是了！忠角和奸角只不過是社會給我們輸入的價值觀，尤其是媒體為大眾設定的刻板印象（stereotype）。但一般來說，父母怎可能是孩子世界裡的「奸」角色呢？

忠奸兩角都是自己設定的

衡爸聽過不少父母抱怨（母親為多），他們因為一直擔任孩子眼中的奸角而受到委屈，言下之意當然也有抱怨伴侶的意思。他們覺得伴侶太寵愛兒女了，對待子女太放縱了，故為了兒女好，便只好自己扮演醜人，被迫擔任惡人來教導兒女，甚至連伴侶也不能幸免而經常被罵。

首先，衡爸想指出以上的想法有極嚴重的邏輯錯誤，由於寵愛兒女和教育兒女是沒有衝突的，父母雙方也可以寵愛兒女，但當伴侶對兒女的寵愛變成了放任的時候，你的目標並不是要教訓兒女，而是要提醒伴侶不能如此放任兒女。因為兒女做錯是兒女的問題，放任兒女則是伴侶的問題，我們必須把問題分開逐一處理。強迫自己變成醜人是沒有必要的舉動，因為對方（伴侶與子女）根本不會明白自己的苦心，甚至會導致雙方產生誤會，而引起不必要的衝突。

教導兒女，最重要保持理性，對事不對人。對別人來說，衡爸就是一位不折不扣的慈父，但小卡索卻知道爸爸才是最嚴厲的人，當自己沒有犯規的時候，爸爸會是一個開心果（只要見到衡爸趴在床上，便會毫不猶豫地騎上來大叫「馬馬！動呀！」），但如果自己做錯了，爸爸還是會作出相應的懲罰。彩虹媽媽也是一樣，獎罰分明，和衡爸的分別只是，彩

虹媽媽罰的時候會板起臉，而衡爸則會微笑着處罰，但衡爸的判刑通常較彩虹媽媽重許多。

　　總括來說，家長在教育兒女無需像軍官般，整天板着一塊兇臉。我們最應該讓小孩子感受到父母的愛，讓他們理解父母有時需要處罰他們，目的是出於愛。因為愛錫他們，所以才要提醒他們，養不教，父（母）之過，既然心裡充滿着愛，又怎會扮演奸角呢？

2.7 育兒有 team work，大家鬆好多

佩媽說：

佩媽是一個職業婦女，既要返工又要照顧屋企，家裡亦沒有工人姐姐，所有家務均是由佩媽負責。除了家務之外，佩媽亦同時一人分飾多角，廚師、司機、補習老師⋯⋯其實佩媽身心很疲倦，很想把一切的工作也不幹（當然沒有這個可能），亦很想全部交給小魔怪爸爸負責，讓他可以分擔責任，可是我不知道是我自己過分緊張？還是爸爸過分寬鬆？最後每件事情都是因為佩媽唔抵得，最終自己做回一切！

有時會覺得這個世界很不公平，為甚麼家務和湊細路也是女人做？雖然我知道現在有些家庭主夫或丈夫會做家務，但我相信和佩媽一樣打兩份工（屋企一份，返工一份）的婦女在香港十分普遍，佩媽亦常在社交平台看到很多媽媽訴說生活的辛勞！以前就話「男主外，女主內」，現在很多婦女都要返工，雖然很多家庭都會聘請家庭傭工，但家中事無大

小媽媽仍然擔當一個很重要角色！佩媽很明白一分耕耘、一分收穫的道理，所以三個小魔怪和佩媽的感情亦很要好！但每位媽媽含辛茹苦把孩子湊大，那種辛酸真是有血有淚！

很感恩佩媽有長輩為我們帶小孩，在我們返工時間充當褓母照顧三個小魔怪，讓我們可以很放心地工作。但佩媽有一份堅持，就是孩子每天也要回家，因為佩媽深信關係是需要用時間去建立，而且長輩是需要給予休息時間，所以只要佩媽或小魔怪爸爸放工或放假時，必定會自己帶小孩！

幸運地小魔怪爸爸亦對佩媽十分信任，在孩子很多事情上，讓佩媽決定並且會配合！好像在孩子的教育問題上，小魔怪爸爸十分支持佩媽，他認為佩媽的選擇應該是最好的！最明顯是在三個小魔怪的多次學校面試呈現，還記得二小姐在高班時考小學，佩媽在面試前，撮要應考小學資料，然後向爸爸講解，爸爸便會很合作地聆聽並努力去完成面試！因此，佩媽覺得合作不單是實際行動，意願及思想合作也很重要！

衡爸說：

　　衡爸比較受母親的影響，她曾經擔任大公司的經理，也當過教育中心的校長，絕對是一個管理高手。自出生起被母親管理了這麼多年，因此衡爸也學得很着重管理、計劃及效率（當然，除了母親以外，衡爸的契媽更是管理的高高手，所以在管理方面也跟他學習了許多）。當小卡索快要出生的時候，衡爸已經和家人們開過多次會議（衡爸強調是會議，因有訂立議程的），並訂下了三至五年的育兒計劃，包括在照顧上的分工。

　　最後，衡爸和彩虹媽媽決定了兩人都繼續工作，她繼續打工，而我則繼續經營自己的公司，雖然工作量有時比彩虹媽媽還要多，但至少時間控制上比較自由，故能協助照顧兒子。當然，多得了爺爺嫲嫲的支援，加上一位工人姐姐的協助，還有公公在硬件上（修理家具）及湯水上的支援，整個湊仔團隊便成功地發揮強大的效用了。

沒人是全能的，我們必須合作

　　父親母親、爺爺嫲嫲、公公婆婆、工人姐姐，在育兒的人力資源部分中，應該各有專長，只要能夠互相合作，對小孩及對各照顧者來說，也是百利而無一害。在卡索 B 變成小卡索的幾年間，衡爸對成功地實踐了這套人力資源理論有一番特別的體會。

　　其實育兒絕對不簡單，衡爸的父母一直是雙職父母，衡爸當年是由爺爺嫲嫲照顧的，所以衡爸的父母在孫兒出生時絕對是育兒新手，尤其是衡爸的母親，一直都是職場上的女強人，連煮飯都煮得不好吃。聽說彩虹媽媽的母親是照顧小孩子的高手，可惜在我未認識彩虹媽媽之前，她已經因病過世。但彩虹媽媽小時候幫過母親照顧小孩，故有一點照顧小孩的經驗，那按常理來說，照顧小孩的任務就應該全部由彩虹媽媽負責了嗎？

　　衡爸在美國讀大學時修讀社會學及女性研究學科時，閱讀過許多關於雙職婦女的書籍和文章，雙職婦女就是像佩媽般既要兼顧工作，亦要負責照顧家庭。這些婦女因着自己及社會對女性性別角色的定位（又是刻板印象（stereotype）），女性必須以家庭為先，如女性同需兼顧事業上的發展，便需要確保不影響到家庭為大前提。所以雙職婦女便經常承受巨

大的壓力。所以，衡爸在那時候便認為，父親必須也要分擔家務和照顧小孩的工作。

　　由於亞洲人多數視父親為家庭的領袖角色，故父親作為領袖，必定要先做好領導家庭的任務。而各位父親必須留意，按照領導學對領袖的責任要求，只懂張開口指示他人工作，自己則一個人坐着輕輕鬆鬆的，這人絕不是一位合格的領袖；而只懂得賺錢回家，卻沒能力在照顧小孩和家事上作出貢獻的，也不是一位合格的家庭領袖。

當然，現今男女角色終於變得平等了，父母雙方都應該被視為家庭的領袖，而作為領袖，便應該具備以下的態度：負責任、主動學習、謹守崗位、信任和支持團隊的成員。第一點是負責任，當父母是一份重要的責任，這份責任絕不能假手於人。記住，就算家裡有老人家或工人姐姐協助照顧小孩，但他們的角色只是協助，故就算工作再忙也不能抱着外判的心態，把小孩交人照顧，便對照顧的內容不聞不問。

「我不懂得照顧小孩和打理家務！讓專業的人處理吧！」聽過很多媽媽的抱怨，這真是萬千爸爸常掛在嘴邊的免戰金牌。我會教媽媽這樣回應：「小孩不懂得學校的默書範圍內容，怎麼辦？」衡爸猜爸爸的回答應該是：「叫他努力溫習吧！肯學，怎會不懂！」那媽媽應該懂得怎樣回應爸爸吧，「肯學，怎會不懂！」

衡爸的父母不懂照顧小孩，衡爸對照顧小孩毫無興趣，所以衡爸也不懂得照顧小孩。但衡爸知道，要擔起作為爸爸的責任，於是去了上課，閱讀了許多相關的書籍和相關的學術研究文獻。因為衡爸明白一個道理，**「學習，便會認識；練習，便會熟練。」**

當然，每個人都有他的弱項，像衡爸般手指有殘缺，在上育嬰課時，嘗試過以不同的方法來幫那個嬰兒道具換片

和洗澡，但這和衡爸當年用橡筋把鼓棍綁在手上來打鼓夾band 的經驗不同，要照顧的是活生生的嬰兒，硬來會傷害嬰兒的。所以，衡爸也必須接受自己做不到某些工作，所以換片和洗澡的任務在卡索 B 半歲前也不能由衡爸處理。但團隊的合作就是各展所能，衡爸在小卡索的成長過程一直作出了許多貢獻呢！例如：用奶樽餵奶、掃風、換片後收拾殘局、唱歌氹卡索 B 睡覺等……所以，只要肯努力嘗試，在彼此的分工合作中，每一位家庭成員也能支持對方，一起讓孩子健康成長。

2.8 家事會議之以和為貴

佩媽說：

　　二小姐上個月拿着手機和我分享她的一個同學在社交平台的一個限時動態，那是一張影着一隻手舉起中指的照片，照片上寫道：「我已經好努力去面試，你仲想我點？」看見照片心裡一寒，細問二小姐，那個同學是精英班學生，成績十分優異！可是她的媽媽對她的要求很高，默書、測驗及考試，低過九十分便會捱罵！那個小女孩真的很可憐，我家二小姐看來真的好幸福！我最低的要求是合格及相比前次進步便可以！佩媽明白每個人心中都有不同的尺，但對於一個小孩，是否要求過高呢？佩媽要求又是否過低呢？

　　人家怎麼教女我管不到，但佩媽會協調家人不同觀點，最重要是包括孩子的觀點！因為只要觀點不一樣，孩子便會無所適從，而且家人之間亦很容易有爭拗！佩媽覺得首先父母要有共識，因為理應父母是最了解孩子，所以盡力協調夫妻二人有相同的看法。另外孩子的想法也很重要，特別是對

日漸長大的孩子，他們的意願才是重點！在協調工作上有一點要特別小心注意，便是男家的家人要交給爸爸處理，女家的家人就由媽媽去處理！不然會產生很多不必要的麻煩！

　　觀點真的人人不同，好像佩媽認為要根據孩子特質去選學校，所以亦不介意選擇支付學費及離家遠一點的學校，這個決定也受到家人的批評，我和小魔怪爸爸會設法令家人明白及理解我們的想法，家人看見你們的決心，最後都是會支持的！當然時間是最好的證明吧！又舉另一個例子，佩媽認為孩子在讀書上最好是先苦後甜，佩媽會堅持打好幼稚園的基礎，因為專家有指小孩在年幼時腦部吸收能力是最強，還有幼稚園課程又不太緊張，小孩理應能應付，並且可以學多一點，曾經有家人和佩媽唱反調，但當然佩媽沒辦法一時三刻說服家人，故此最實際還是以行動去證明自己的觀點是正確，家人終有一日是會和你有共同的觀點！

衡爸說：

　　孩子是家裡的寶貝，在照顧孩子的過程中，因家人觀點不同而引爆家庭衝突的情況的確時有發生，這些情況衡爸也遇過不少。其中一次，衡爸和母親吵至面紅耳赤，差點要和彩虹媽媽一起帶着卡索 B 離家出走。現在回想起來，大家的出發點都是為了孩子好，如果在溝通上，大家都能夠給一點耐性去理解他人的想法，許多衝突都應該能夠避免的。

　　衡爸的一大優點是擁有頑強的抗逆力，面對逆境的時候，心裡越感到不安，便會迅速及鍥而不捨地尋求解決方案，深信只要能夠找出解決問題的方法，問題便會消失。基於這套正面的信念，衡爸在預備成為爸爸的時候，已主動去上了很多育嬰課程，也閱讀了很多相關的書籍和文章，由於衡爸是受過嚴謹的學術研究訓練的人，當中所閱讀的文章中，大都是從大學圖書館的資料庫找出來的，來自全球學術期刊的學術文獻。因此，衡爸對自己在照顧孩子的方式也很有見解和信心。

　　以上的優點，在育兒的時候亦會立即變成了衡爸的缺點。因為衡爸只信學術和科學，極度質疑來自三姑六婆的經驗之談，尤其是關乎身體護理及處理嬰兒生病的偏方，衡爸

連聽一下都不願意。故當時，許多長者提出的育嬰建議都被衡爸拒於門外，例如選擇餵人奶還是奶粉等問題。衡爸都一定是先從科學角度了解，醫學文獻說好就是好，說不好就是不好。

某次，衡爸便因為卡索 B 的大便問題與母親激戰，事緣爺爺和嫲嫲發現卡索 B 許久沒有大便，因而害怕他熱氣導致便秘。衡爸和彩虹媽媽已經不斷解釋，喝人奶的 BB 大便少是十分正常的現象。但他們還是感到擔心，於是詢問朋友意見，經某位很有育嬰經驗的三姑六婆推薦下，便買了一盒 X 星茶回家沖給卡索 B 喝。衡爸回家見到，立即火冒三丈，便跟父母吵起上來。衡爸因為工作背景的訓練，一向只會接受專家的意見，特別是對於醫學和藥物使用方面，衡爸的理解是，若不是醫生處方的藥物，皆應視之為毒藥。

但嫲嫲則認為那是涼茶而已，並有感衡爸事事都只拿着專家的意見作決定，一點都不尊重長輩的意見，所以也發火罵衡爸。可是，衡爸真的很重視效果和效率，特別是眼前照顧的是自己的兒子，當然只選擇最可信的方法。而有些事情是不能遷就的，衡爸在大學所受的訓練已讓衡爸清楚明白，能通過科學驗證的方法，可信度才會高，坊間三姑六婆的見解，基本沒有研究價值。因此，時至今天，衡爸仍然認為阻

止兒子喝那盒 X 星茶的決定是對的，只是向母親的表達方式，絕不應該用爭吵的方式。

（佩媽搭嘴：如果是無傷大雅的事便不需要太介意，佩媽的長輩也曾因米水沖奶問題，意見有分歧，最後佩媽選擇任由長輩開的米水奶，自己仍開番正常奶，最緊要以和為貴。）

衡爸的父母從未讀過大學，但衡爸的兒子出生時，衡爸已經在大學攻讀博士學位了。知識的多寡的確會影響吸收新知識的速度和做成思想靈活上的差距，無異衡爸在資料蒐集、解決問題、思考分析上的能力和速度都超越了父母。再者衡爸的父母當年需工作賺錢養家，因此失去獲得照顧小孩的經驗，才缺乏經驗和知識去照顧嬰兒（衡爸按：其實父母不是完全不懂，只是衡爸對照顧小孩的要求很高。）故衡爸反而應該以體諒的心情和態度來對待幫忙照顧小孩的父母（衡爸按：明明是爺爺搶着要照顧孫兒），得到父母的支援，的確減輕了衡爸和彩虹媽媽的壓力。

礙於缺乏相關知識的原因，其實年輕的一代新手父母必須理解上一代的知識局限和愛孫心切的心情。**對他們來說，許多知識都是經口耳相傳的方式學會的，他們沒有在大學學過求證資料來源的方法，只知道我是這樣把你湊大的。**再者，

我們今天有能力質疑上一代的能力，不都是上一代的努力，讓我們有機會學到新知識的嗎？

那次和媽媽吵完的兩天後，衡爸發了一道文字訊息和媽媽道歉，但只為自己的態度道歉，的確是自己的態度過於激烈和無禮。另外，衡爸整理了一疊資料向媽媽解釋有關喝人奶的嬰兒會更少大便的原因，和包括衞生署及醫學文章指出嬰兒不能喝 X 星茶的原因。當然，衡爸在那疊媽媽隨時閱讀三個月也不能完成的資料上，劃上了重點，把英文部分的重點翻譯好。最後，媽媽真的認真地閱讀了那疊資料，然後把放在櫃裡的 X 星茶棄掉了。之後，衡爸好像還聽說媽媽以專家般的姿態和口吻，教導其朋友圈的爺爺嫲嫲有關人奶 B 的大便問題呢。

第三章

說服

衡爸說：

「儘管是父母把孩子帶來這個世界，但孩子的生命主權是屬於他們自己的。」

佩媽說：

「家長們別以為自己喜歡便硬要子女去做，因為小孩們是不會聽從的；相反，如果是小孩自己喜歡的，便會自動自覺去做好！」

3.1 小孩子的生命主權

衡爸說：

　　這個年頭，許多大人為了多賺一些錢，會把時間用盡一點，放工後會再做兼職，務求用時間來換取多一點金錢！衡爸的手機群組入面，的確有許多父母都是如此生活，其實衡爸也是一樣（不然你猜這本書，衡爸和佩媽是在上班時間寫的嗎？），每天務求少睡一點，亦想多完成一點工作，這或許就是香港人的其中一項核心信念——「多勞多得」！

　　「多勞多得」這核心信念，甚至已經傳遞到了初生的小孩，現在的小孩幾乎在懂得坐的時候便開始參加訓練班了，正所謂贏在起跑線就是，希望小孩子能把時間用得有效率，正規課程以外，還要多上訓練班！衡爸不瞞大家，小卡索在一歲半的時候開始上全日班的幼稚園，當時入讀了一間幼稚園的幼嬰班。這所幼稚園很特別，如在幼嬰班成功被錄取，便不用再面試，就讀五年全日制的幼稚園課程（幼嬰班、幼小班、K1-K3），學校環境大，使用的教育方式由大學的幼

兒教育系教授開發，學校的活動多籮籮，並重視經驗學習，絕不盲目催谷，所以衡爸便替兒子選擇了這間學校。

父母都希望子女能繼承自己的成功 或彌補昔日的遺憾

而興趣班方面，小卡索足三歲的時候，才正式上第一個興趣班 ── 溜冰。為甚麼是溜冰？原因都是木村拓哉吧！衡爸在青春期的時候看過木村拓哉飾演冰上曲棍球選手的日劇，然後既覺得溜冰很有型，亦可鍛鍊身體的平衡力和抗逆力，便替小卡索報名了，但其實衡爸是不會溜冰的。

除了溜冰之外，小卡索也有參加樂器班，包括了鋼琴和鼓班，先分享一下原因，希望小卡索學琴是為了完成衡爸心內的遺憾。衡爸小時候便很喜歡聽鋼琴演奏，也希望能夠親自演奏自己喜歡的音樂，但童年時因家裡貧窮，加上父親是家裡長兄，又要背負起照顧弟妹的責任，故根本就沒有閒錢讓衡爸學音樂。

到衡爸念中學時，家裡經濟環境改善了，但衡爸卻因意外導致手指殘缺，再也沒法學習彈琴。如讀者們認識衡爸的過去的話，應該會知道衡爸最終還是衝破了一些限制，最終

當了樂隊的鼓手，經常參與音樂演出，更自己作曲填詞，並獲唱片公司替衡爸出版過兩隻唱片。可是這些成績還是沒有讓衡爸心內的遺憾釋懷，反因為對音樂的認識加深了，尤其是在作曲的時候，由於沒法彈琴而感到失望。同時，手指的殘缺亦局限了衡爸在打鼓上的發展，故此，衡爸內心的確希望小卡索能夠完成這些自己未能完成的遺憾。

孩子的生命主權在他們的手裡

的確，如果孩子真的能夠為父母夢想內的空白填上顏色，這真的是一幅美麗的圖畫。不過，**家長們必須明白，儘管是父母把孩子帶來這個世界，但孩子的生命主權是屬於他們自己的。**家長當然有責任和權利去選擇如何養育和教導他們，家長是子女參加人生旅程的第一位領隊和導遊，在他們有能力參加自由行之前，我們都可以引領他們去接觸自己期望他們喜歡的東西，就像衡爸所作的，為兒子選擇了第一間學校、報讀了溜冰課、鼓班和鋼琴班。

作為父母的當然可以對兒女充滿期望，但請別搞錯，期望歸期望，真正握有主權的是他們。所以，衡爸也在期望中增加了一個心理準備，只要小卡索不是因為三分鐘熱度而放

棄的話，衡爸絕對會接受小卡索為自己選擇屬於自己的道路。畢竟生孩子的目的，並不是為了借孩子的軀殼再為自己的理想再戰一場。

衡爸當然明白家長們望子成龍的心情，但希望歸希望，也得尊重孩子，不能過分地控制，甚至把他們當成扯線木偶看待。我們愛孩子，就是渴望見到有一天，孩子長大成人，擁有自己的生活及建立屬於自己的家庭。在此之前，他們有權去探索、經驗及發展自己的生命，而家長的角色只是旁觀者，我們可以指導孩子，但我們必須尊重孩子，所以我們不能隨便侵犯孩子生命中的神聖主權。

佩媽說：

　　我確信「自己未來自己掌握」這道理，無論是幾大的小孩也有自己的一套想法。還記得大公子在高班時，有一天我駕着車送大公子去一間頗有名氣的小學面試，大公子在隧道已問為甚麼要過海？學校在哪裡？為何要去哪裡讀書？那時他已表示不想去那麼遠上學，最後他在面試時當然採取極度不合作的態度，成功令該小學拒絕了他的申請。又一次，二小姐也是去小學面試，因她十分喜歡這小學，在第二次面試時需要父母一起面試回答老師提問，在出發前，二小姐叮囑佩媽和小魔怪爸爸，要努力面試，爭取她入讀機會！當然最後是以正取生資格入讀！

陣間要面試面得好啲！

所以家長們別以為自己喜歡便硬要子女去做，因為小孩們是不會聽從的；相反，如果是小孩自己喜歡的，便會自動自覺去做好！有一點佩媽可以分享的，就是我們可以用推銷手法，多說多講，令到小孩愛上你的選擇，但當然要合情合理和小孩能力範圍能完成的事，雖然時間是長一點，但在過程中，家長亦可以多和子女溝通，這不是雙贏嗎？

3.2 讓孩子學懂自理的第一步

衡爸說：

有次，衡爸在個人的 Facebook 專頁上貼了一張自己在做家務的相片，怎料衡爸得到許多來自網友的正面回應和稱讚。但這些留言與衡爸所預期的反應差距很大，衡爸還以為大家會開玩笑地說衡爸轉行當家庭主夫了，可是大家的反應卻把會做家務的男人視為絕種生物，或會做家務的八十後真傑出，這未免太誇張了（其實衡爸身邊的男性朋友都很會做家務的，因為時代變了，我們十年前便發現會做家務和煮東西的男性較受女性歡迎啊！哇哈哈！）。現在，連做家務竟也可以成為教授生命教育的材料，或許是從我們這一代八十後開始，越來越少人懂得做家務了。

做家務是學習自理的第一堂課

衡爸自小受母親的影響，她很重視事事必須安排妥當、

討厭亂糟糟的感覺，是以儘管她是職場女強人，亦要求家裡的東西務必整整齊齊。所以衡爸小時候經常被要求幫忙做家務，例如幫忙收拾碗碟、整理衣服等……衡爸也因此而自小便學懂幫忙做家務。

回想起十多年前，衡爸往美國留學後第一次我回港度假時，接受了幾位記者的專訪。訪問中，記者問及衡爸留學時的日常生活，衡爸也就按着提問回答，結果當報導出街時，文章的標題和內容都集中在衡爸在美國獨居期間，能夠自行煮食和洗衣服等事情，並把衡爸懂得做家務和煮食的事項描寫得像登陸火星似的厲害。那時筆者心裡想，有這麼誇張嗎？肚子餓便要煮東西來吃，衣服污糟了便要清洗，這些理所當然的工作，衡爸七歲便懂得做了，更何況一個人留學海外，便得自行照顧自己的日常生活，有甚麼特別呢？

多年後的某天，和彩虹媽媽跟卡索 B 搬家了，因為家裡地方个大，便不打算請工人姐姐了。故此家務便落在衡爸和彩虹媽媽身上，而剛好衡爸那時候常留在家裡處理文字工作，待在家裡的時間較彩虹媽媽多，便主動幫忙做多些家務吧了，這很正常不過。怎麼連做正常的事也會被表揚。衡爸忽然想，難度會做家務的人都變成罕有生物了嗎？

聽母親的教導，**收拾是一種生活態度**，所以她一直堅持起床後要收拾床鋪，就算整天不離家也要把睡衣換掉，並且必須在睡覺前收拾好書包。當然，母親的眾多要求中，衡爸大約只做到六成吧，但好像已經很不錯了。隨後在報紙上，閱讀到有些大學生竟然把污糟的衣服寄給老家的父母處理，心裡忽然覺得自己接受不了與這種連簡單自理能力都沒有的人相處。

或許是現今的考試制度和價值觀，把做家務這種基本家庭責任都貶低成下人做的工作，例如有些媽媽會認為工人姐姐的月薪才數千元，小孩的時間應該花在更有意義和價值的事情上。故此，當小孩成長後都不願意及不懂得做家務！衡爸記得在二零零八年左右，八十後的青年人的自理能力不停被質疑，原因大概就是小時候沒有機會接觸家務吧。其實做家務是一件偉大的工作，是基本責任，也是重要的訓練。畢竟，自理能力是生活的基本技能，欠缺這技能便不能夠獨立生活了。

自理能力需及早訓練

其實對「整齊」的要求，必須從小訓練，像衡爸的母親一樣，自小把一套「整齊」的標準放在衡爸的腦袋內，之後便擁有對整齊的要求了。記住，每人的要求都不同的，所以孩子多參考父母的要求，而將其變成是對自己的要求。

當然，除了要有要求之外，也需教導兒女有關自理的方法，包括：收拾書包、整理床舖、收拾玩具……的技巧等。像衡爸般，小卡索從兩歲開始便要學習收拾玩具，頭三至四次可以和他們一起收拾，讓他們能夠透過觀察來學習收拾玩具的方法，慢慢開始父母就只負責檢查小孩是否已經把玩具收拾整齊。接着一步一步，便能夠讓他們穩步建立起屬於自己的自理能力。那樣的話，倒是放心讓孩子獨立出國留學都無問題了。

佩媽說：

　　每個人都有優點與缺點，佩媽承認其中一個缺點是欠缺整齊，打從佩媽的成長過程開始，佩媽已是一個不懂收拾書包的學生，因為害怕欠帶書本，所以書包會存放所有的書本，不知道佩媽個子不高，是否和書包一直太重有關！但佩媽有一個優點（可能是缺點），便是十分珍惜每一件物件，佩媽並非購物狂，只是佩媽是一個十分環保的人，朋友不要的東西我會不介意接收，因為我覺得現代人太浪費了！久而久之家中便出現大量的東西，如果由佩媽手上掉到垃圾桶的物品，那件物品一定是不能再重用，所以家中有堆積如山的東西！最經典是在三公主出世時，佩媽找到大公子滿月時朋友送的全新嬰兒服裝禮盒，你們可知道，他們相距十二歲，即是那禮盒在佩媽家存放了十二年。

　　這個缺點也影響了三個小魔怪，可能是佩媽自己沒有收拾東西的技巧與能力，他們亦真的不懂收拾東西，大公子及二小姐的房間十分混亂，三公主的玩具也是一地皆是，佩媽承認無辦法解決！原本二小姐是一個很整齊的小孩，不知為何長大後越來越不整齊，佩媽肯定她是有能力處理好的，因

為看她每次旅行收拾行李箱便可得知，為甚麼其他的東西就亂七八糟？

佩媽有一個朋友，他是一間舞台製作公司的老闆，公司主要是由八個男士所組成，要知道舞台製作所需要的東西很瑣碎，但他們的公司卻整齊得令佩媽十分佩服，老闆強調是學習了「五常法」後所得的成績，佩媽很希望像這老闆朋友一樣，把家中的所有東西收拾得整整齊齊；除了五常法之外，亦有人要佩媽學懂「斷捨離」，這個在日本風行多時的方式，曾被譽為史上最強「人生整理術」，教授如何整理家居、生活，進而整理人生。要學懂這個去蕪存菁的整理法，看似簡單，掉嘢甚麼人都懂，但肯定在執行時，一定會「呢樣仲好新喎，都係留住先！」「嗰樣第日可能會有用所以都係唔好掉住」以及「買返來好貴啊，掉咗佢好嘥！」這些內心掙扎，最後也會不成功！

佩媽不希望孩子和自己一樣不整齊，該怎麼辦才令我們一家人都變得整整齊齊？首先，對於一個很環保的佩媽，要進行「斷捨離」真的好困難，但家中確實有大量不需要的東西，於是佩媽進行了整頓家居幾部曲：

　　一、強迫家中各人，交出五十件不再需要，但可以轉送給別人的物品，結果有大量的杯碟、香水、DVD、衣服、裝飾品、圖書、鞋、嬰兒用品……！以上的東西，佩媽在網上社交平台刊登不足半小時已找到新主人，就成功清理了家中二百五十件物品！（之後發現間屋大咗好多！）

　　二、佩媽為了善用空間，購買了大量儲物箱及書櫃，和小魔怪們花了一個長假期去分門別類的收拾好！（之後發現大量未玩過的玩具及未看過的圖書！）

三、棄置所有孩子舊有的筆記及課本，如有需要保留則可以電腦掃描存放於電腦。（之後發現可以整合成回憶錄！）

　　四、婉拒一些沒有用的贈品及宣傳用品。有需要物品亦只買最多三件！（之後發現慳返好多錢！）

　　五、一定要狠心的堅持玩具及書籍如沒有放好，下場便會棄掉在垃圾桶。（之後玩具和書籍也放得整整齊齊！）

　　原來當家中各處整齊了，大家都會不自覺地培養了整齊的習慣，最令佩媽開心是二小姐已幾乎沒有欠帶課本及功課，證明整齊是對她有正面的影響！

第四章

預防／處理
衝突

佩媽說：

「育兒過程中，遇上過不少的閒言閒語……我採取的方法就是要堅持到底和做到最好，用行動和結果去支持自己選擇是正確的！」

衡爸說：

「三姑六婆只能夠給意見，身體力行養育兒女的人始終是爸爸和媽媽。」

4.1 處理三姑六婆的指責

佩媽說：

其實在十多年的育兒過程中，遇上過不少的閒言閒語，有時真係幾嬲，心諗：「我教仔關你咩嘢事！」不過我一般很少回應，因為回應我唔覺得有用，始終講你的大部分都是年長過你的，所謂食鹽多過你食米，你怎麼樣回應也不能說服他們，只會令關係越來越差，而我採取的方法就是要堅持到底和做到最好，用行動和結果去支持自己選擇是正確的！

特別記得曾有長輩們話我們安排小朋友去九龍塘區讀書，之後就聽到這些說話：「要小朋友舟車勞頓，小朋友會好慘！」「在屋邨樓下讀書不是一樣！」「讀名校想威之嘛！」「如果讀得書甚麼學校也可以啦！」「讀名校咪迫死啲仔女！」……佩媽一向有自己的想法，並不會理會別人如何說三道四，我會因應小朋友的能力及家庭實際情況去作出適當的選擇，外人並不會了解，所以我亦不會怪他們在背後，甚至面前指指點點。

其實我每一個決定也有背後的理由，好像去九龍塘讀書是因為我在九龍塘返工，為方便照顧才安排在附近返學；為了令小朋友返學方便一點，我們亦以行動證明，在幼稚園開學前已搬到附近居住！大公子原本是入讀九龍塘著名大象幼稚園，大家都應該認為是一所名校，但最終我卻為大公子選擇了一所要坐定定的老牌過氣名幼稚園 —— 九龍聖德肋撒幼稚園（現已殺校），原因是我覺得大公子最重要學懂安靜上課，這就正好證明我是選合適的學校。

現在十幾年後，我再湊三公主，背後的指指點點已買少見少了，原因當然是我都已經有足夠的經驗去育兒，誰夠膽話我唔識湊！哈哈！

衡爸說：

近年，那些討論「家事」的電視節目在國內越來越常見，節目會邀請遇上家庭問題的人到電視節目中（儘管有好多個案都被發現是造假的），接受明星和公眾的公審。原來許多人喜歡這類節目，有許多朋友愛把節目的網上連結分享給衡爸，並說這些個案十分真實，把這些個案搬出來讓大家討論讓人覺得很有共鳴。所以，這些朋友都很落力地到該些國內節目的網上討論區發表偉論，甚至認為自己的意見能夠幫助對方解決問題。當然，衡爸發現這些意見多數以罵為主，但這也難怪，因為衡爸看過數集，發現節目中，當事人根本就是被引導說一些討人厭的話，且因節目時間有限，許多對個案關鍵的資訊都沒有出現。但肯定一點的是，衡爸朋友們根本就未有接收到整件事的所有細節，故他們在網上發表偉論仍是言之過早。再者，他們並不是專業的輔導人員，對當事人的評語只是一己之見，幫不到對方之餘，甚至會對當事人產生負面影響。

衡爸是一位心理治療師，故會直接和那些朋友指出，既然已經變成家庭「問題」了，還要把「問題」讓你們這群三姑六婆作公開討論，就這樣已是破壞多於建設了。試想想，每個人都擁有自尊心，做錯事要認錯已經不容易，如今還要

受到一群不相識的三姑六婆之流來公審，然後還要在網上公開認錯，若你是當事人，你覺得自己還有心情去討論和解決那些「問題」嗎？因為這種像菜市場裡的討論方式，給人一種「埋嚟睇埋嚟揀，唔買都望下」的感覺，然後把當事人的事件經過、家庭成員之間的陋習等公諸於世，讓大家來評理，討公道（其實無道理和公道可言）。筆者都是同一句說話，用這種談判的方式或許能夠助當事人贏了一場吵架，但輸的會是當事人和家庭成員之間的關係。

三姑六婆不是壞人

其實三姑六婆並非洪水猛獸，也未必是為了搞破壞而講是講非。畢竟三姑六婆並不是溝通的專家，故在他們道出自己的看法和經驗時，也可能會不自覺地忽視了對方的感受。因為中國的傳統價值觀關係，出於必須尊重長輩，故三姑六婆亦習慣了運用長輩的權力來迫晚輩接受他們的想法和意見。加上上一代看待關係價值觀和現在很不一樣，那個阿姨明明只是阿媽的朋友，但她看着你長大，隨時已經把你當成是契仔般關心，所以儘管他們經常很着緊地亂加把嘴，動機其實可能是出於好意。像佩媽的分享般，長輩認為孩子在家附近讀書會更好，其實心裡也是擔心小孩子舟車勞頓太辛

苦，但佩媽當然也有其想法。其實衡爸也遇過相似的問題，也有親友質疑衡爸為兒子選擇的幼稚園，但衡爸經常到海外與來自世界各地的教育學者交流，在本港亦經常與不同學校的校長和老師合作，故衡爸對教育方面的知識怎會比他們（行外人）少，但重點是他們根本缺乏這領域的知識，所以便看不到和自己相同的視野吧。這沒有對錯之分，當兩代的知識和價值觀都有很大的差異，但後生的有他們的堅持，三姑六婆當然亦有他們的堅持，只是意見不合，大家急起上來，便因此不小心地用了錯誤的方式表達，繼而傷害了對方，產生了衝突。

面對三姑六婆的攻略

一、最緊要做好作為父母的覺悟

衡爸是一個西化的爸爸，故此在育兒的時候並沒有受過像佩媽所經歷過的壓力，因為當三姑六婆們向衡爸撒鹽的時候，衡爸也會適時向對方拋書包。

分享一個例子吧，衡爸看重生命教育，故為兒子選了一間 Happy school 的幼稚園，兒子當年考進該校的幼嬰班，一歲開始返全日班，會在幼稚園連續上五年課。此校與其他主

流幼稚園的分別是，他們不鼓勵孩子過早操練寫字，中班才正式學習握筆寫字的技巧。因此，這立即引起大量三姑六婆非議，「四歲才學寫字，趕得及考小學嗎？」那時候不止三姑六婆，連開辦教室的母親大人都表示擔心。

故此，衡爸和太太只好堅持下去，因為這是我倆一起在參考過不同的教育模式後，決定讓兒子接受 Happy school 的幼兒教育，這同時代表我們兩夫婦需承擔這決定的後果，不管結果最後是好還是壞。憑此，已經可以擊退一切閒言閒語的影響，**因為三姑六婆只能夠給意見，身體力行養育兒女的人始終是爸爸和媽媽。**

二、用書包反擊鹽

三姑六婆的閒言閒語通常來自個人經驗和智慧，在受過嚴格的學術研究訓練的衡爸眼中，這些閒言閒語屬於未經科學證實的資料，所以只能作非首選的參考資料。

衡爸在兒子剛出生不久的時候，曾因為人奶和大便的問題和母親有點意見不一致，當時，母親的消息來源主要是來自三姑六婆。故此，在彼此都堅持己見時，衡爸便提供了不少醫學文獻和衛生署的資料等，讓母親更明白和了解衡爸的想法，最後，母親也認同了自己兒子（就是衡爸）的意見了。

所以，在選擇學習模式方面，衡爸能夠提供的資料比起人奶與大便問題多不知數千數萬倍（教育是衡爸的其中一個主修科），當衡爸母親看見衡爸忽然搬出十幾本厚如《聖經》的教育學書籍出來時，她立刻表現出「我無話可說了！」的表情出來。(其實那疊書只是衡爸想搬出來的十分之一而已。)

三、服人，除了需要道理，還需友善的態度

上文提過，父母緊張兒女，三姑六婆們是長輩，也可能會因緊張晚輩而意見多多，甚至把話說過火，而讓晚輩反感。但我們應該保持感恩的心，就算他們的說話不中聽，也可以先答謝對方的意見，畢竟，作最後決定的就只有孩子的父母。

況且，家長們亦不需要抱着要證明給別人看「自己是對」的心，因為你要交代的對象，就只有自己和兒女。所以，在養育兒女的事情上，做好自己本分就可以了。

最後，讀者可能想問，這文章好像把三姑六婆美化得好偉大似的，總有些吃飽飯等拉屎的三姑六婆，他們不是有心幫助，只是愛說是非，我們又應該如何處理他們呢？

衡爸的意見是，大家應參考我國外交部發言人華春瑩的名句，把它修改成：「小兒／小女的事全屬我家內政，不容

許任何外人干涉或者說三道四，指手畫腳。」因為，兒女的事，必然是自己的事，結果好與壞都必須由自己和兒女親自承擔。

4.2 如何讓兒女的成績
達到父母的要求？

佩媽說：

「置之死地而後生」真的不是每個人都能辦到，自信心一旦破碎，要重拾並不容易！佩媽和一般家長一樣，從前無論怎樣也將小孩送到最多人趨之若鶩的學校讀書！

大公子在我的特訓下，進了一所幼兒班十月便要寫字，中班便要默書，高班自然要作文的幼稚園，雖然大公子的成績不太標青，但亦成功進了一所爭崩頭的直資一條龍小學。不過，惡夢才正式開始，一年班上學期完結時已被勸退，大公子雖然答允會努力讀書趕上成績，可是自信心已跌破零，老師亦認定他是成績差的一群，怎樣追也是沒有太大分別！

在快要結束小學生涯之時，大公子要求我們放棄直上書院學位，選擇一所第二組別宗教背景濃厚的中學，由於「爛船也有三根釘」很自然被編入精英班，可知道由一個被遺棄

的學生，成為學校的重點培訓學生，這個轉捩點很重要！

在中二時大公子由精英班跌出，失去了地位的他，突然發現要發奮圖強，兩次考試是全班第一及第二名，很自然這份成功感令他可以更上一層樓，最令佩媽安慰的，並不是成績優秀了，而是他已訂立人生目標及方向，將來要選讀工商管理並在商界發展。雖然現在仍未知他能否成功踏上大學之路，但佩媽肯定以他現時自動自覺溫習加上學校往績，我充滿百分百信心他能辦得到！

衡爸說：

「青出於藍勝於藍！」是衡爸的父親對其兒子的期望，衡爸記得父親常說，「少時家裡很窮，所以沒有機會升學。現在只望兒子能夠比自己出色，能夠在大學畢業更好。」

父親的說話在兒子心目中有一定的影響力，所以衡爸今天對兒子的期望也是「青出於藍勝於藍，兒子比自己出色就好！」有天，衡爸跟爸爸分享，既然自己有機會在大學畢業，而且擁有兩個碩士學位，第二個碩士學位是香港教育大學的教育碩士，而畢業那年，香港教育大學的教育系在世界排名排第十三位。因此，衡爸便跟父親說，現在給兒子的目標會是，未來考入的學系，其大學排名必須排在世界前十二位或以內。當然，兒子務必要在二十四歲或之前獲選香港十大傑青，因為衡爸在二十五歲前已獲得此項殊榮。衡爸父親聽到後，立即反了白眼，然後為了爭取孫兒的童年有幸福的生活，幾乎差點想立即打爆衡爸個頭。

衡爸當然是在開玩笑，怎會對兒子作出如此過分的要求呢！

（佩媽搭嘴：肯定不止如此！明明聽過他說，要兒子入讀世界排名前十的大學，及二十五歲前要獲選世界十大傑青！）

家長的期望

家長愛小孩，所以希望他們活得比自己出色，特別是在學業的發展，心裡想着讀得書多，他日工作上的發展機會也會更加多。於是，家長自自然然地會催促子女的學業成績，甚至把自己未能完成的遺憾，交棒給孩子接力。

香港學生的學業壓力大是不爭的事實，這些壓力有相當大的部分是來自家長的，衡爸在網上便見識過一位非常家長的威力。話說一位小四學生默書失手，隨即受到家長嚴厲的責備，並大罵「別打算自殺，就算你死了，我也會燒數個老師和一大疊作業落去給你做！」

當香港的學童自殺問題忽然變得相當嚴重的時候，家長在責怪兒女時用字太過火，無疑會加重兒女的壓力，讓小孩更感絕望，而增加自殺的風險。無獨有偶，衡爸小時候，父親也說過相似的話，那時雖然衡爸缺乏求學目標致成績差勁，但腦筋卻相當靈活，便反駁父親：「我信基督教的，那些東西燒不到給我啊！」當然，此話立即再次引爆父親的怒火，衡爸的下場十分慘淡，哈哈。但父親的怒火對衡爸在學業上的幫助有成效嗎？答案是：「完全沒有。」

其實家長因生氣而導致時常情緒失控，因而會對兒女說

出苛刻的說話，但家長的內心深處卻絕對是愛孩子的。衡爸母親曾說過：「不愛，便沒空閒去罵了！」所以愛之深，責之切，不關心便絕不理會了。

然而，家長的盲點便是越疼孩子，便越是不能自控，往往不能控制好個人情緒，結果教仔變成鬧仔。子女不能感受父母對自己的愛和支持，當然不會聽教聽話，甚至會反抗家長，家長越緊張便越生氣，結果形成了惡性的循環，不單成績沒有進步，親子關係亦會惡化起來。

當然，其實家長們都很無助，既要為養家而勞碌奔波，又希望把孩子教育成才。何謂「成才」？家長必然有其個人的期望，但是期望歸期望，孩子的才能不是單靠學業成績反映出來的。

分數以外的才能

責罵能夠換取兒女獲得優異成績嗎？衡爸未經歷過，至少自己被罵了六年有多，每份成績表仍是慘不忍睹。也見過一些很用功的同學，盡了力學習，因為天資不夠聰敏，結果和付出總是不成正比。因此，這些成績差勁的同學們總是被標籤成失敗者。筆者有感，轉換角度想想，我們希望自己的

父母是虎爸虎媽嗎？你希望每天回家比上刑場還慘，還是希望時常得到父母的支持和鼓勵呢？

某次，衡爸看到一篇外國新聞，文中提及一名患有自閉症的英國學童的考試成績又不合格，老師沒有生氣地責備學生，反而在成績表裡夾了一封親筆信。信中內容提醒了學生和家長分數固然重要，但更重要的是該學生還有許多才能，例如團體精神、獨立能力、仁慈、表達意見的能力等⋯⋯

那位學生和家人收到信時，都感到十分感動，至少，家長和學生都發現自己也是受到重視的。

家長們，你們必定重視兒女，但你們有讓他們感受到自己被重視嗎？

提升分數的動力

大家必定聽過許多發奮圖強的故事，但發奮這動作背後，必定有一個故事！衡爸想分享一下以前從考第尾，後來發奮考入大學的經歷，讓大家參考一下。

分數不會說謊（作弊得來的分數除外），大家一直習慣用分數來量度學生的能力，所以求學的目的便是追求更高的

分數。求分數的學生日後成了父母，他們的信念大多還是繼續教兒女追求分數，然後變成了惡性循環。

不過，分數之先是甚麼？當然是用功學習，但為甚麼要用功求學？這就是學生自己的問題了。當年衡爸也在這條問題前停頓了很久，就是不明白發奮讀書來幹甚麼？所以沒有動力去學習，沒有用功學習所以導致成績差，成績差所以便被父母責備。因為不斷受到四方八面的責備，結果弄得自信都消失殆盡，在失去學習的動機後連信心也失去了，這又是一個「一事無成」的惡性循環實例。

因此在分數之先，若家長希望協助兒女突破這個惡性循環，必須讓兒女找到努力學習的動機，還有提升能夠學懂的自信。畢竟，沒有信心的話，連嘗試學習的意欲也不會出現。

衡爸有幸在念中二時成績反彈，能創造出成績反彈的轉捩點，最大的原因是找到了學習的動機和自信。自信是從哪裡來的？還好當時得到校長和幾位老師時常給予實際的鼓勵（不是大叫加油努力那些行貨），他們向衡爸和衡爸的父母大方地分享了衡爸身上的優／缺點，故此衡爸更加認識自己的才能，和所缺乏的能力，然後才開始一步一步地為自己訂下不同的目標，接着才開始對自己的未來抱有更大的希望。

其實分數只不過是反映考試的結果，這分數也能夠反映學習的進度，所以分數成了爭取「前程」的重要武器，分數的確對學生們都很重要。但在取得分數之前，家長教育兒女的目標必須是整全的全人教育，簡單來說就是教兒女怎樣「做人」！因此無論父母對兒女有怎樣的學業期望，讓兒女明白其努力的目的，和達成目標的自信，才是家長們的首要任務，因為考試的分數和學生對自己的學習進度的信心通常是成正比的。

第五章

身教

佩媽說：

　　「家長真是一面鏡子，小孩子無論對或錯也會同樣地吸收，身教比起任何知識傳授更重要！」

衡爸說：

　　「尊重不應受到社會地位高低之分，我們理應對每一個人都抱持尊重的態度。」

5.1 別讓兒女使用父母的特權

佩媽說：

　　佩媽在好幾年前曾經開辦補習社，主要教授幼稚園學生的小一面試技巧，來上課的都是來自著名的幼稚園及家境富裕的小朋友，家長都是十分祈望小孩可以考獲城中的著名小學，所以每個學生每天的時間表也是密密麻麻的，琴棋書畫樣樣精通。

　　其中有一個十分活潑的小男孩，每次由媽媽和菲傭姐姐帶他來上課，很多時候我都會看見媽媽呼喝菲傭姐姐，但作為他兒子的老師，當然不會直斥其非，直至有一堂，當天只有菲傭姐姐帶着小男孩來上課，看見小男孩一直在發脾氣，嚷着不肯穿外套，我正想上前平復小男孩的情緒之際，小男孩突然殺出一句：「You go back to Philippines!」語出驚人的小男孩把我嚇得花容失色，我看到菲傭姐姐的反應是何等的平靜，我可以肯定姐姐已經聽慣了這些說話，我馬上制止小男孩的無禮態度，亦請姐姐離開課室，我讓小男孩平靜下

來，細問之下，原來這句語出驚人的說話，是他媽媽經常破口大罵菲傭姐姐時的常用字句。

這由此可以證明家長真是一面鏡子，小孩子無論對或錯也會同樣地吸收，身教比起任何知識傳授更重要！你想小孩有禮貌必先自己有禮貌，家長們，你早上見到鄰居你會說早晨嗎？人家拿東西給你時，你會說唔該嗎？你想孩子是怎樣，你便需要是怎樣！

衡爸說：

記得卡索 B 出世當天，衡爸放了一幅抱着孩子的照片上 Facebook，不到半小時，已經有傳媒打電話給衡爸拿照片，然後當晚的網絡新聞已經出現小卡索的照片了，更別說第二天的報章，而放在 Facebook 上的卡索 B 的 like 數目好像都是過萬的，那一刻衡爸便開始擔心了。

衡爸從來都不認為自己是名人，也不想當名人，但因為工作上的關係，許多人還是會認識衡爸，當然亦認得卡索 B 的樣子，出名的確會帶來一些方便，衡爸和朋友外出用膳，有些老闆都會給予優惠、或送例湯或小食。是小優惠的話，衡爸不好意思推卻，只好道謝，和多一點幫襯對方。試過在公司附近遇到一位老闆，怎樣也不願意收衡爸錢，結果衡爸也不好意思再去該餐廳食飯了。衡爸的父母一直教導自己，不要貪心，絕不能佔人便宜。

但面對特權的誘惑是十分困難的，尤其是當你從出生起，已經獲得許多人的寵愛。小卡索一出世已經有一大班契爺和契媽，當然也有幾位真的是名人的契爺爺和契嫲嫲。除此以外，還有許多支持衡爸的 uncle 和 auntie 都很錫卡索 B，衡爸知道，這些寵愛都是避不開的。因為衡爸清楚一點，這

些寵愛都不是必然的。由於衡爸待人友善，夠義氣，許多朋友受過衡爸幫忙，因此朋友們都給衡爸面子，特別寵愛衡爸的小孩。所以，衡爸也必須讓小卡索知道，這些寵愛出現的原因。正就是，你怎待人，人家又會怎樣對待你。

尊重是建立人際關係的起點

建立人際關係從來都不是一朝一夕的，小卡索的好幾位契爺和契媽跟衡爸至少有十年交情，這些關係是大家一起經過長時間建立的。「建立一段關係需要很長時間，但破壞一段關係只需一剎那。」這句教誨是必須傳授給兒女的。要建立一段關係，尊重成了最基本的事項，也因為衡爸是信奉人人平等的價值觀，因此衡爸認為**尊重不應受到社會地位高低之分，我們理應對每一個人都抱持尊重的態度**。

在大人的世界裡，最容易使我們忘記了要尊重對方的時候，正是因為自己不當地濫用了權力。就好像佩媽分享的個案般，為何那位小孩的媽媽會向工人姐姐大聲呼喝「You go back to Philippines!」呢？衡爸的理解是，話中的菲律賓國家在這位母親心中是次等的，她本身就是看不起該國的國民，而 go back to 的中文意思是滾回去，讓人家滾回去一個次等

的地方，背後的意思就是威脅眼前這位次等的人，如不乖乖聽話就要解僱對方，讓對方滾回去那個次等的地方。

其實衡爸很不解，誰會聘請一位自己看不起的人去幫忙照顧家庭和自己的寶貝小孩，當中根本沒有互信的基礎，那你能夠放心嗎？或許也有人覺得家傭是下等人，於是便能夠以大欺小。但這是極錯誤的想法和行為，更不能讓小孩子學習這種價值觀，不然，小孩便會用同樣的行為去對待他們看不起的人。

其實我們不應該讓小孩有看不起他人的想法，工人姐姐們離鄉別井辛勤工作，她們都會因家人不在身邊而感到寂寞，所以我們理應給這位協助處理家務的員工多一點關懷。因為對方出身於比較貧窮的國家，而看不起對方，這根本就是很差勁的做人態度。

（佩媽搭嘴：佩媽家中沒有工人姐姐，但我會教導孩子尊重一些幫助我們的人，例如我和孩子會向大廈的清潔嬸嬸打招呼及說道謝，垃圾如何臭，也不會掩鼻及面露難色；另外當佩媽被警察抄牌時，佩媽也不會破口大罵，因佩媽明白首先是自己犯錯，被抄牌是應該的，況且抄牌是警察的其中一項工作，而被人罵不是他們的分內事，記得有一次我送孩子返學停泊車

輾在路旁，這地方很少會抄牌，來回不到五分鐘，回程時看見交通督導員已抄牌準備放在水撥之際，佩媽禮貌地向督導員拿告票，記得督導員的回應是指佩媽明白事理，並且提醒佩媽未來兩星期每朝也會抄牌不要再泊，這就證明你懂尊重別人，別人會同樣尊重你，這些孩子都看在眼裡，比起空口講更有說服力！）

怎樣才能教導兒女尊重別人呢？

尊重別人應該由心裡發出的，我們應該抱着感恩之心來接受對方的服務，儘管你有付出工資。有錢不代表應該掛住囂張的臉口，再者，我們應該提醒兒女一樣十分重要的事，支付工資給工人姐姐的不是他們，而是爸媽。故此，衡爸要求小卡索要禮貌地對待工人姐姐，拜託姐姐幫忙的時候必須道謝，絕對不能對工人姐姐不禮貌。

的確，你尊重人，人家亦會尊重你。我們一家人把工人姐姐視為家人般看待，因此工人姐姐也把小卡索照顧得很好。姐姐因為得到了衡爸的特別授權，許多時候，小卡索又持着爺爺嫲嫲寵愛他而頑皮時，工人姐姐便會協助衡爸出手制止小卡索了。其實工人姐姐大可不出手教導小卡索，這又

不是她的工作範圍之一，她對小卡索的關心，無非就是回應這個家庭對她的尊重和關心吧。

　　相信各位爸媽都應該聽過在國內發生的一件事，一位官二代犯法後向公安大叫「我是 XX 的兒子！」最後，這位官二代還是逃不過被繩之於法的後果。這件事情中，我們能夠發現儘管犯事的是兒子，但這也是他父母種下來的惡果，因為他的父母首先讓兒女濫用自己擁有的錢財和權力，其兒子才會膽敢肆無忌憚地借父母之名來橫行霸道。

5.2 面對掛住上網和打機的兒女，怎麼辦？

佩媽說：

佩媽相信打機是很多爸爸的死穴，而睇電視就是很多媽媽的死穴，對於佩媽這兩種娛樂都是奢侈品，因為根本無多餘的時間做，亦不想自己太瘋狂，原因好簡單就是以身作則！但這可能是我一廂情願吧！因為三個小魔怪的爸爸是一個超級遊戲機皇及標準電視迷，我實在沒有辦法去控制及阻止孩子的爸爸這兩個嗜好。

佩媽家幾乎齊備所有電子遊戲設備，大公子首當其衝愛上打機，幸好大公子是一個很乖巧的小孩，真正讓他接觸遊戲世界是六年級的最後一個學期，由於中學學位已塵埃落定，辛苦了六年的小學生涯，我便讓他玩，當然爸爸是最開心，因為終於可以和兒子有共同話題吧！但佩媽不是任由大公子自行決定玩耍時間，同時亦沒有在家中設置上網服務，以減低上網打機機會。果然沒有估計錯誤，打機對大公子的學業確實有點影響，大公子在中二時與我制定打機時間表，

承諾會用功讀書去證明打機不影響學業，很好彩這時的大公子開竅了，他真的用行動證明一切！佩媽卻仍然有煩惱，就是兩父子因共用手機 Wi-Fi 數據上網而常常嘈交，唉！你說怎麼辦？

至於二小姐在小時候不喜歡看電視，我以為她永遠也是一樣，不過這天真的想法只維持到一年班升上二年班的暑假，那個暑假，小魔怪爸爸在家換了一個很大的電視，加上環迴立體聲音響，家中彷彿成為電影院！惡夢便開始了，二小姐發現了睇電視的樂趣，自此學業便直線下降，但這並不是我最頭痛的事，最令我感到煩躁的就是兩父女時常因為爭電視而嘈交！唉！我該怎麼辦？

要令孩子不打機和看電視，是否要早在結婚前便要找一個不打機及不看電視的丈夫呢？

衡爸說：

　　可能是小時候爸媽沒有買遊戲機給衡爸的原因，當衡爸終於能夠買遊戲機給自己的時候已經是在美國讀大學的時候了。那時候，衡爸真的很想在家裡放一台遊戲機，也喜歡流連賣電玩遊戲的商店，但會玩這台遊戲機的人，幾乎就只有當時常常在我家出沒的女朋友，當衡爸獨個兒在家的時候，這台遊戲機就只是一台家居擺設而已。是的，對於打機，衡爸是一個超級三分鐘熱度的家伙。

　　衡爸會沉迷的反而是看電影和追日劇，為了合理化這項興趣，衡爸竟然寫了一篇學術文章，並投稿到國內的兩岸四地青少年生命教育論文集，題目是《以看電影作為教生命教育的工具》，結果衡爸還被大會邀請擔任主講導師，在研討會中介紹這套教學模式。之後，衡爸亦在報章上定期分享與看電影或追劇相關的文章，所以衡爸終於攞正牌繼續看電影和追劇了。

打機看電視不是問題，上癮才是問題

　　衡爸經常受邀主講關於「網癮」為題的家長講座，這是

家長們最喜歡的主題之一，因為許多家長都覺得兒女有網癮，但衡爸則認為家長們自己亦可能有網癮啊！的而且確，在衡爸眼中所見，許多家長在等候講座開始時，也是低頭望着手機，有幾位更把耳機聽筒塞着耳朵在看劇集。所以，衡爸已經肯定，這班家長才是此講座的真正服務對象。

跟其他主題的講座不同，這個講座，衡爸絕對有充分的理由要求聽眾把手機關掉，請留意，衡爸不是單單要求他們把手機轉為靜音模式而已，而是把手機完全關掉。眼看着大家依依不捨的在關掉手機時，面容顯露出來的是一種不情願的樣子。然後講座便正式開始，「好了，現在再沒有甚麼東西可以阻礙大家去聽這個講座了。」

衡爸續說：「其實大家的生活是真的如此繁忙嗎？還是，這台手機令到你的生活變得更繁忙了？你看，剛才大家來到這裡的時候，都忙得沒時間跟一直站在這裡的校長、主任、老師和社工們交流，甚至連跟坐在旁邊的家長打個招呼的時間都沒有，要是小孩見到了家長這樣的話，相信他們也不會輕易放下手機吧！」

話說回來，衡爸第一次收到處理網癮的講座邀約時，衡爸曾嘗試向負責人轉介比自己在處理這題目上更專業的講員。畢竟那時候衡爸對網癮問題還停留在理論派的階段，也

沒有主講相關的講座主題的經驗。可是，對方的回應是，「我也知道，也認為你推薦的那位導師比你更合適，但校長指名要找你來主講啊！」

衡爸至今仍然很感謝那位校長的信任，但是，那份信任是從何而來呢？除了衡爸過往在講台上的表現外，其實在台下與不同人士溝通才是最重要呢！那位校長正是在一次出席聯校講座時與衡爸在台下交談了一會兒，過程中非常認同衡爸的某些想法，故此才向衡爸投下信任的一票。要是衡爸平日在等待上台教學時，也習慣拿着手機自娛的話，衡爸絕不可能獲得這位校長的信任吧！

其實衡爸認為，科技產品是發明出來改善我們的生活質素的。電視、遊戲機、電腦、智能電話等……使用這些產品從來都不是問題，但如果因為這些產品，而影響到自己的生活，每當拿起這些東西後，便不能自拔地沉迷下去的話，這就成了大問題。

能夠隨時放下便不是上癮

甚麼是上癮？曾經有一位朋友跟衡爸高談闊論，「就好像吸煙一樣，若你有能力選擇去不吸煙，而且身體和心裡也

不會出現不適的感覺，那你吸煙的時候，便是在享受那一根香煙。若你只是習慣性地吸煙，不吸煙的時候便渾身不自在，那麼便是那根煙正在享受你！」

其實衡爸頗認同這說法，無論是飲酒也好、吸煙也好、賭博也好、上網都好，上癮的時候便代表那東西正在控制你。**人類被稱為萬物之靈，但偏偏就是經常被一堆死物控制着，而且更被它們弄得自己的生活變得一塌糊塗。**

網癮跟煙酒癮及毒癮的最大分別在於，它不直接危害身體健康及不會觸犯法例，但網癮其實相當危險，因為網絡已經無處不在，而且網絡已經直接成為了學習及工作，和傳送與接收訊息的重要工具。故此，人人幾乎都是被鼓勵上網，但它對人的害處，如：影響視力、用電腦的坐姿不正確而導致背痛、走路時用電話致碰到他人，或引致交通意外、家人同枱吃飯時眼和心都已經飄到老遠等問題，我相信許多人都知道其問題存在。可是，要大家放棄現在所擁有的先進科技和智能世界，已經是不可能的事情。

難道說，智能世界不能和現實中的身體健康和人情世故並存嗎？像衡爸的朋友所說一樣，有能力選擇使用智能工具來提升生活質素，在適當的時候能夠把它放下，也不會出現任何不適的感覺，那代表你正在運用智能工具來提升生活質

素，不然，像參加衡爸的講座們的家長般，面對必須關機的時候，卻辛苦得想死般，這稱為上癮。

最後，衡爸即管分享一些方法給大家戒癮吧！

其實我們處理戒癮治療的方法，第一是要讓對方認清楚不作出改善會導致的後果，例如繼續吸煙會增加患癌症的風險。對網癮或機癮的話，便可以改為，若繼續沉迷上網或打機的話，眼睛的視覺會受損；經常捱夜打機的話，也會導致白天沒有精神上課；沉迷打機而不讀書的話，更會導致成績一落千丈等⋯⋯

然後，我們不能直接讓對方停止上網或打機，將心比己，自己亦很難一下子把壞習慣改掉，再者，能夠說停便停的話，便不是上癮了。所以我們要慢慢來進行，如果自己或兒女每天都花超過五小時來上網的話，我們可以在第一個星期開始每天減少一小時上網時間，但在不上網的時間，我們必須使用替代品，例如，家長可以和兒女訂立，不上網那一小時，大家要一起做運動、玩遊戲、聊天。這樣持續下去，下星期再減一小時，並且找其他事項來取代上網，接下來便能夠發現更多比上網和打機更享受的生活方式了。但是，如上癮的情況已經十分嚴重的話，衡爸認為應該盡快尋求專業人士支援，如心理治療師和社工等⋯⋯

5.3 教導兒女做個有禮的人

佩媽說：

　　所謂「入屋叫人，入廟拜神！」叫人是基本的禮貌，佩媽的家父很嚴，如果入屋不叫人、早上不說早晨、食飯前不等齊人便起筷、人家幫忙後不道謝……後果可以十分嚴重！當然是會藤條炆豬肉！佩媽在這特訓下成長，慢慢便成了習慣，長大後便成為了有禮貌的人。我當然不是叫大家學家父一樣的嚴厲執法，但我知道我的禮貌態度，直接影響了我的三個小魔怪的成長。

　　好像三公主每朝早回到幼稚園，定有校長及老師在門口迎接小朋友及向同學們說聲早，很正常地我會向校長及老師說聲早晨，開學後第三天，三公主便學會了一踏入校園，看見校長及老師便會說聲早，她還能回應外籍老師說「Good Morning」，當然我和老師及校長也會稱讚她有禮貌，洋洋得意的三公主，自此之後每朝都會自動自覺地說早晨，所以「叫人」根本不需要教導，只需要作為家長親自演繹，小朋友很快便學會！

很多人詢問佩媽三個小魔怪也能考上名幼及名小的秘訣，我覺得考幼稚園其中一個致勝之道，我相信禮貌絕對佔一個很重要的分數！我知道有些幼稚園會看小朋友進入課室時，有沒有和老師打招呼；亦有幼稚園在考核時，送上糖果看看小朋友會否說聲多謝，這都是很實在的！如果平時沒有這個習慣，小朋友是不會道謝的。所以與其花大量金錢去上面試技巧班，首先應從家長自己開始。三公主能夠進入九龍塘名幼，那一粒校長送上的糖果跟一句多謝，便成了錄取她的其中一個原因。當然禮貌是要日積月累，做家長的更要注意自己的禮貌，當人家覺得你家的孩子有家教時，便證明你的努力是不會白費，共勉之！

衡爸說：

按照衡爸的幾位從事人力資源管理工作的朋友分享，現今的年青人最缺乏的不是工作能力，而是禮貌。熟悉真實職場運作的人便會知道一句說話：「識人重要過識字」，背後的意思說明了一個道理，人際關係十分重要。那應該怎樣才能建立良好的人際關係呢？不說其他的，最基本要求是待人要有禮貌。

小時候，衡爸的母親經常提醒待人要有禮，見到認識的人一定要叫早晨或午安，就算與不認識的人有眼神接觸，也應該微笑點頭打招呼。正所謂禮多人不怪，「禮」的意思並不是指禮物，而是指禮貌。自從衡爸帶着母親的教誨展示禮貌的一面後，人緣立即變好了。

以禮待人能換取難以估計的收穫

最深刻的一次經驗發生在美國讀大學的時候，有次衡爸在心理學系的教學樓搭乘升降機期間，遇到一位貌似露宿者的老伯伯，他的一頭長髮顏色斑白且雜亂無章，衣衫襤褸的，雙腳穿着一對十分殘舊的啡色皮鞋，左手拿着一個膠袋。正當衡爸正在疑惑為何會有露宿者來到訪這所教學樓的

時候，我們的眼神有了接觸，於是我立刻跟他打了招呼，順便問他要到訪的樓層，並替他按鍵。他也親切地跟我打招呼和道謝。

之後的兩個月沒有再見過他，直到派發第一個學期的成績表後，因為衡爸成績不合格，故此需要與主修學系的教授見面，見面目的是要解釋成績不合格的原因，並且要接受警告，下學期再不合格便會被踢出校。那天，衡爸顫顫抖抖的去找信中寫着的一位不認識的教授，就在我叩門進房後，眼前出現的竟然就是那位「露宿者伯伯」，然後我帶着一份驚訝的心情再望了一下房門掛住的姓名牌，姓名下面寫着的職銜竟然是心理學系系主任。

他一見到我便立即友善地跟我說，他記得與我在升降機見過面，在得知衡爸來見他的原因後，他便耐心地給衡爸意見。言談間亦察覺他對衡爸的印象甚佳，因此，他之後亦擔任了衡爸的學士畢業論文的指導教授，多得他的耐心指導，那份畢業論文拿了 A 級成績呢！同時，衡爸也因而了解到，原來在海外的大學裡，通常越高級的教授，是會越穿得不修邊幅，在衡爸的記憶中，他只有在畢業禮那天才穿得比較整齊。

　　所以，這段經歷深深地給衡爸上了寶貴的一課，就是必須在任何時候，面對任何人都應該保持禮貌。畢竟，平常的態度最能夠反映一個人的人品，衡爸就只是很自然地和一位陌生人打了一個招呼，換來的竟然是獲得一位重要的啟蒙老師。所以，衡爸也一直教導小卡索必須待人有禮，例如在回家時在升降機大堂遇見保安員姨姨和叔叔也需要打招呼，遇到負責清潔大廈的姨姨時除了打招呼還需要道謝。**培育孩子待人有禮的品格，就是必須讓他們把有禮變成生活的習慣，這樣才可以展露出由心而發的禮貌。**

5.4 讓孩子遠離粗口的方法

佩媽說：

佩媽記得有一次去奧海城商場行街時，在商場內遇見一對父子正在大吵大鬧，那個小朋友大概是七至八歲的小學生，實際嘈交的內容佩媽聽得不太清楚，但就很清楚聽到兩父子滿口粗言穢語，一口流利粗口的小孩，確實令在場每一個人都感到汗顏及驚訝！那個孩子除了不停用粗口罵他的爸爸之外，還不停的對他爸爸拳打腳踢，他的爸爸似乎沒辦法制止該小朋友的行為！只好同樣地以更大聲的粗口回應兒子。佩媽看見這個場面，心裡很難過，為甚麼這孩子會是這樣？到底他們一家出了甚麼問題？

在佩媽家中是不會聽到粗口的，雖然小魔怪爸爸在外工作時，也有機會講一兩句。但他在家中堅持守口如瓶，而佩媽當然亦不講粗口，所以我們一家並沒有粗口溝通文化。畢竟大公子已是一位年青人，粗口文化在年青人之間都頗普遍，大公子在家中打機時，也會出現一至兩個字的粗口，每

次當他說時，佩媽會特別提醒他，家中還有年幼的妹妹，請他注意一下用詞！大公子亦會乖乖收口。

另外，佩媽與二小姐去街，如果在街上聽到有人大聲講粗口，我們都會笑說：「他們在表演講粗口！」特別是看見女孩子講粗口，我會跟二小姐說：「女孩子講粗口你睇幾咁肉酸！」二小姐亦相當認同佩媽的說法，所以直至現時為止，也未曾聽過二小姐在我面前講粗口，快升上中學的她，佩媽希望二小姐要堅持淑女形象唔好講粗口呀！

衡爸說：

在佩媽的分享中，大家認為那位七至八歲的小孩是怎樣習得一口流利的粗言穢語呢？相信各位讀者在先前的章節，已經多次看過衡爸不斷重複的重點，**家長正是孩子們的鏡子**。小孩子的腦袋裡本來就是空白的，你教他甚麼，他便學會甚麼。你教他講道理，他便講道理；你教他講粗口，他便講粗口。**你的性格如何，兒女的性格就會如何，你的行為怎樣，兒女也會展露相同的行為。**例如，你自己有吸煙的習慣，你的孩子亦會更容易受到父母的影響，而接觸煙草物品。

別在孩子面前講粗口

懂得提醒別人，衡爸也時常告誡自己，不能在家裡講粗口。其實衡爸作為一位文化人、一位作家，當然亦擁有作為文化人的共同特點 —— 會講粗口！

（佩媽搭嘴：佩媽也是文化人，衡爸不要找藉口了！）

由於衡爸同時是一位教育工作者，為避免在學校講課時，不自覺地和很順口地加入了一兩句助語詞來點綴授課內

容，衡爸每天都在警惕自己，就算平常說粗口的時候，也會把粗口的粗俗級數，降至最低的武力級別。

都說父母是孩子的一面鏡子，家裡本應是粗口禁止的地方，某天衡爸就是遇到了一個很逆境的狀況，接着衡爸便真情流露地吐出了一句：「Oh, shxt!」，說時遲，那時快，一把童真版的「Oh, shxt!」立即從衡爸的背後傳過來。衡爸當堂冒冷汗，轉過頭望着當時兩歲的卡索 B，拿着一個玩具，歡天喜地衝過來，一邊以天真無邪的眼神望着衡爸，一邊地再重複了十數次「Oh, shxt!」，並且根本沒有停止的打算。

「Oh, shxt!」是不是粗口呢？對衡爸這位在美國成長的偽文青來說，absolutely not ！但那一刻，衡爸便真真正正地在心裡在吐出一句「Oh, shxt!」，因為衡爸那一刻正在想像，明天孩子回到學校上課時，忽然記起這一刻的記憶，然後向着老師和同學一起大聲說「Oh, shxt!」，接着其他同學又跟着卡索 B 一起大叫「Oh, shxt!」的話，衡爸相信這場災難已經不是「Oh, shxt!」所能形容的！

幸好衡爸也熟悉運用心理學技巧來幫人洗腦的方法，便立即把在卡索 B 腦袋裡的那句「Oh, shxt!」變成一句「Oh, no!」（心理學萬歲！）。故此，衡爸那句「Oh, shxt!」還不至於恨錯難返。但衡爸好肯定的是第二天，小卡索果然在回

到學校後，跟老師和同學說了許多次「Oh, no!」，結果，同學們真的一起進行了「Oh, no!」大合唱。那次的經歷真的嚇得衡爸心臟虛弱，自此引以為戒。

（佩媽搭嘴：前陣子大公子常把「What the!」掛在口邊，佩媽已多次提醒大公子，大公子的理由是沒有在句子中加入粗口，不算粗口！其實誰都知最尾一個潛在字是粗口啦。天真的三公主也和卡索B一樣突然把「What the!」掛在口邊，嚇得佩媽馬上向大公子指出嚴重性，佩媽要大公子不可以再講之餘，亦有跟似明非明的三公主講解，足足用了整整一星期才真正糾正三公主！）

（衡爸報仇式和騙字數式反駁：根據美國本土語言文化顯示，「What the!」真的可以在尾段不加上任何潛在字運用的。如加入粗口字眼，當然會變成粗口啦！但不加入的話，它真的只是一句單純的口語來的，翻譯過來便是「搞乜呀？」，所以如佩媽大公子所言，這真的不是一句粗口啊！哇哈哈哈哈哈……）

其實在衡爸的記憶中，第一次說粗口的時候是三歲左右，因為負責照顧我的爺爺是一位粗口大師（但反而很少聽過爸爸說粗口），所以在不到四歲時，衡爸幾乎已經聽過所有粗口字眼。當然也試過話從口出，更試過在幼稚園上課時向老師道出其中一句，結果弄到老師傷心得淚流滿面。但

對當時的衡爸而言，根本就不知道那句粗話是要表達甚麼意思，只覺得說這個說話很有趣。

讓小孩子遠離粗口的方法

讓家中的兒女遠離粗口有兩種方法，第一是，別讓他聽見粗口，但這十分困難，儘管你不說，也阻止不了其他人說，再者，最容易接觸到粗口的途徑是電影或網上世界，故此粗口基本上是避不過的，可是並不代表你可以隨便說。

而最有效的是當孩子接觸到粗口的時候，家長能夠立即向他們解釋那句粗口的意思，和當別人聽到它時會出現的感受。**我們的確無法阻止兒女說粗口，但我們能夠教導兒女，讓他們選擇不去說粗口。**畢竟，粗口本是冒犯他人的言語，若孩子們明白道出那句粗口後，會傷害到別人的話，相信他們定必會慎言的。故此，像佩媽的大公子說「What the!」的事例中，若大公子一直堅持這不是一句粗口，他的確會勝過這場辯論。但佩媽真正在意的並不是大公子說的是不是一句粗口，而是大公子說的是否有禮和尊重別人的說話。

的確，衡爸也遇過相似的經歷，念小學時，曾因為說了一句「好寸」而被媽媽指是說粗口，更因此而被責罰。「好

寸」是從看電影中學到的，那當然不是一部益智的卡通片了，當中所學到的當然不止這一句，但其他的句子亦不會膽敢在母親前說出來。如今回望過去，衡爸當然也會堅持「好寸」不是一句粗口，但如果將「好寸」和「囂張」相比，無疑「好寸」的確是一句比較粗俗的口語。如果在公開場口上說「他好寸！」，相信聽者對話者的觀感和印象一定會大打折扣。

　　所以說，言詞是反映一個人的修養，也影響別人的觀感和印象。佩媽根本無需和大公子爭論「What the!」是否一句粗口。佩媽只需要讓大公子選擇，在有限的時間裡，他只能夠說一句話，他希望人家在聽見該說話後，會怎樣看待他的為人。他可以作出選擇的，問他：「你會堅持說『What the?（搞乜呀？）』還是『May I know what is going on, please?（請你告訴我發生甚麼事情了？）』」

5.5 讓孩子自小便建立 珍惜的習慣

佩媽說：

佩媽近來有幾個朋友正在懷孕，我正好為家中嬰兒物品尋找新主人，在收拾的過程中，很開心三公主原來擁有很多人的祝福，從我腦海中三公主好像只有十件以內的衣服是新買的，當然除了校服，其他也是朋友送的和哥哥、姐姐留下來的。我相信大家會問：為甚麼女孩子不打扮好一點？你養三個是否很拮据？哥哥和姐姐跟三公主有多年的距離，還有衣服合用？

首先要告訴大家，朋友送給三公主的衣服很新淨，有部分甚至連價錢牌也沒有拔去，怎會令三公主打扮得不漂漂亮亮？還有三公主待在家中的時間很長，真的不需每天穿着如去宴會般的服裝，整齊清潔已十分足夠！其實穿着其他人的二手衣物不止是兒女，連佩媽也會穿着人家的二手衣物，佩媽出身不算大富大貴，但家中是製衣工場，從小與衣服結下不解之緣，看見每一件衣服由一圈圈的布匹，透過裁縫師傅

一針一針的縫製而成，所以特別珍惜衣服，大家看看衣櫃裡有多少件衣服買了沒穿過或者只穿過一次？特別是小孩的衣服，轉頭便不合穿，那些衣服既然不再穿，為甚麼不把它轉贈他人？你又會否覺得衣服太多，免麻煩隨手掉出垃圾房？佩媽很珍惜每一件東西，明白所有東西得來不易，這亦感染了家中孩子，不會對物質有過分追求，亦感恩家中長輩是一個修復高手，除非東西破爛至修復高手也束手無策，這才會被送去堆填區。

除了珍惜物件，佩媽亦是一個十分節儉的媽媽，每次在家中打邊爐，也會花上個半小時買食材，為甚麼？佩媽對食很有要求，不介意買好一點的食物，但每一種食材，在不同的商舖可以有頗大的價格差異，每次跟大公子及二小姐去買餸，便走來走去，教他們格價，只要多走兩步便可以慳返不少。這個習慣從小已培養他們知道，特別是買玩具方面，他們已明白某些商店售賣同款玩具比起灣仔及深水埗玩具店貴，知道可以用同一價錢買到一加一的玩具，所以也不會硬要在貴的玩具店購買。其實要孩子學懂珍惜與節儉，家長們必須自己先有珍惜和節儉之心，要不怕麻煩及不怕多走幾步。說實話，佩媽多年來慳了不少錢和小孩們周圍飛，一年可以飛兩次，當然佩媽也會在訂機票及酒店時不停格價啦！

衡爸說：

衡爸的父親有一句口頭禪：「早買早享受，遲買平幾舊（百）。」皆因父親自幼家貧，身為長兄，十二歲便要離家打工賺錢養家，所以他很早便養成節儉的習慣。他的教導也影響了衡爸（可惜影響不了他的孫兒），讓衡爸深明節儉的重要性，因此衡爸不愛好名牌，並養成格價精明眼，許多聽過衡爸主講關於「親子資源管理學」課堂的家長，都笑指衡爸的性格比師奶還要師奶！其實在衡爸的信念中，能省則省，因為萬物皆得來不易。

衡爸認為節儉與貧富並無直接關係，這是態度的問題，就算富有亦不代表應該浪費。節儉亦不應單方面指向金錢，一直與衡爸合作舉辦親子理財課程的財商導師 Alex Chan 經常提醒學員，金錢的用途只是用來交換讓我們生存和生活的資源，所以我們真正需要的並不是金錢，而是那些資源。但是，地球的資源和空間有限，既然大家都是一同生活在地球上的人，便應該一同愛護和珍惜地球的資源，減少製造廢物。

節儉和珍惜是一種習慣

　　其實節儉和珍惜是一種習慣，所以我們必須盡早協助兒女建立這種習慣，不然，小孩可能會反過來養成浪費的惡習，因為學習浪費必定比學習節儉和珍惜容易得多。當然，就算大家都知道節儉和珍惜是美德，但實情是這些美德也有一大敵人，那就是成本效益。因為在商業的世界中，嚴謹地控制成本效益也是美德，這一點反而是母親教衡爸的，時間亦是重要的成本。假設衡爸需要買一雙皮鞋，A 店的售價比 B 店貴八十元，按爸爸的教導，當然到 B 店購買。但要是 A 店在家附近，不用乘車，來回的步行時間只需十分鐘，而 B 店的地點較遠、必需乘車前往，車費來回大約三十八元，加上來回的車程約需時約兩小時。那你會選擇到哪裡買呢？按照成本效益來計算的話，那就取決於你所花的時間是否值四十二元了！

　　（佩媽搭嘴：佩媽會選擇行開 B 店附近才購買。）

　　衡爸是一名工作狂，把時間看得特別緊張，因為衡爸習慣用盡一分一秒，故權衡成本效益後，也不能避免經常作出一些浪費的行為，例如在辦公室會飲用枝裝水或使用即用即棄紙杯，因為要計算放置水機的佔用公司位置，和洗杯的時間和工資成本。這是十分現實的問題，當我們看待問題的時

候，總不能單看表面。當我們正在討論珍惜的問題時，也得同時考慮執行的可行性和成本效益，因為反過來說，時間和金錢又是我們必須教導孩子們要珍惜的資源。就好像買一台新電視比修理一台舊電視更便宜和更省時間時，相信各位讀者都會立即作出對自己最有利的選擇。故此，在教育兒女時，我們都應該引導孩子作多方面的思考，讓他們明白和考慮每一項選擇的背後原因，不然，他們在作出選擇後以為自己在珍惜，其實反而是在浪費了。

教育的確重要，親身體會更重要。現在，連小卡索也懂得提醒衡爸，「別拋棄這個膠袋啊！這個膠袋還可以循環再用啊！不要做大嘥鬼呀！」小卡索學會珍惜資源的原因是他親身感受過浪費的惡果。早前，他參加了學校的活動，和老師同學一起去了海灘做清理垃圾的義工，於是有機會親眼見過滿地垃圾的沙灘境況，因為衡爸都不會帶他到受污染的沙灘玩耍，所以他一直都未知道這些真相。

要先讓小孩子的心理上建立要珍惜的動機，才能促使他們用行動來回應。因為小卡索在該活動中見過滿布垃圾的沙灘，讓他認識做垃圾蟲的影響；因為親身試過費盡體力也清理不完沙灘的所有垃圾，讓他知道拋垃圾容易，但清理垃圾很困難；同時，他亦親眼見到許多垃圾都是被大嘥鬼浪費的

物品，於是他便明白自己不應該浪費，更要提醒身邊的人不應浪費。這就是親身體驗的教育成效了。

但當然不能每事都親身體驗了，但就需要能夠讓孩子感覺像置身其境的生命故事了。例如，衡爸的興趣是水肺潛水，故經常會參加珊瑚普查、到海底執垃圾等環保活動，來警惕自己在節儉和珍惜與成本效益之間取得平衡。當然，衡爸會順便和隊友一起拍一些照片和影片來作紀錄，事後，衡爸會使用這些照片和影片來告訴小卡索有關海底的受污染情況，更會把當時的經歷變成自己的生命故事，用來講述給小卡索聽，並把內心裡要愛護海洋的價值觀傳遞給兒子。

當然，要教導孩子節儉和珍惜，和怎樣平衡成本效益都可以很簡單，就是以身作則及與孩子一起共同參與，例如在出街食飯時會緊記把剩菜剩飯打包，記得和孩子一起事先準備環保餐盒、在家中一起把不用的電器關掉、在刷牙的時候互相提醒：「別讓水龍頭長開啊！」買東西的時候互相檢視：「想買的物件是否真的需要呢？」……這些細節，都是家長和孩子能夠一同學習、一同互相提醒、一起共同建立的好習慣。

（佩媽搭嘴：佩媽以前訪問過中電的朋友，原來每次把電視機總掣關掉，比起只用遙控關電視，會節省很多電費。）

（衡爸怒吼：你唔早講！）

後記

　　回想好幾年前與衡爸共同設計電台節目《P牌爸爸家事學習報告》，當時擁有豐富育兒經驗的佩媽，在節目中會和初為人父的衡爸討論每個育兒對策。之後估不到佩媽再誕下三公主，兩個P牌（一個新牌加一個雪藏牌），竟然是異常合拍，認識衡爸多年，一直也知道大家育兒的方法很不同，沒有想過我同衡爸思想是南轅北轍，但卻彼此尊重和非常有默契，我們無論在任何睇法也是背道而馳，就好像我鼓勵要多生小孩，衡爸就覺得獨生兒最好；佩媽要孩子接受傳統學習，衡爸就主張快樂學習。但我們卻有一個共通點，我們也是愛孩子的爸媽！

　　有很多人都常常稱讚佩媽勇敢，在這個年代，竟然選擇生三個，的確生兒育女真是一個很大的挑戰，因為問題天天都多，真是過完一關又一關！而且你發現會失去了很多東西（愛情——唔得閒同另一半拍拖；友情——掛住湊仔邊個朋友約都唔去；事業——你會因為小孩可以把工作完全掉低；娛樂——唱K、打麻將、睇演唱會……這些活動已不再；物

質生活 —— 那些名牌手袋及服飾統統不見了；外表 —— 你幾耐無去過美容院？幾耐無好好打扮？）但你也會覺得一切都值得，特別是看着孩子健康快樂的長大，幾辛苦都不會計較！你可能為育兒很激心及苦惱，希望你們品嚐過「心靈豬骨湯」後，明白很多事情也是必經的，你的遭遇和衡爸佩媽也是一樣，勞氣完瞓醒又再去迎接另一個新問題！

佩媽要多謝為這書寫序的三位朋友：

莫鳳儀校長和你認識多年，估不到一次飯局才發現我們相逢恨晚，我們對教育孩子都是充滿熱誠，我們是多麼的投契，感謝莫校長在百忙之中仍為我們寫序。莫校長，謝謝你！

認識謝寶達先生（達哥）大概一年左右，佩媽一直也是達哥的品牌擁躉，但沒想到那麼大的品牌主席，一點架子也沒有，亦十分樂意培育後輩，在他身上深深感受到甚麼是愛。達哥，謝謝你！

識於微時的江美儀（Elena），好朋友真的盡在不言中，多謝你一直對二小姐不離不棄，二小姐有你這麼好的契媽，實在太幸福了！如果二小姐將來不孝順你，我會好好教訓她！美儀，謝謝你！

　　佩媽還要多謝三個小魔怪，沒有你們出現，佩媽的生活不會那麼充實及精彩、不會那麼努力工作去賺錢、不會那麼勤力去讀書、不會有那麼多的歡笑、不會……

　　最後要多謝衡爸，多謝你與我一起煲「心靈豬骨湯」，我們做父母真的有時會很激氣、徬徨、無助、受挫折、沮喪……期望我們的「心靈豬骨湯」能夠舒緩家長們育兒壓力，齊齊享受育兒的樂趣！

錢佩佩
10/6/2018

作者：	張潤衡、錢佩佩
編輯：	青森文化編輯組
設計：	4res
封面及內頁插畫：	蔡悅思（二小姐）
作者卡通圖案設計：	譚寶雲
出版：	紅出版（青森文化）
	地址：香港灣仔道133號卓凌中心11樓
	出版計劃查詢電話：(852) 2540 7517
	電郵：editor@red-publish.com
	網址：http://www.red-publish.com
香港總經銷：	香港聯合書刊物流有限公司
台灣總經銷：	貿騰發賣股份有限公司
	地址：新北市中和區中正路880號14樓
	電話：(886) 2-8227-5988
	網址：http://www.namode.com
出版日期：	2018年7月
圖書分類：	親子關係／教養心得
ISBN：	978-988-8490-97-4
定價：	港幣78元正／新台幣310圓正